KB245856

우리 옛 건축에 담긴 표정들

우리 옛 건축에
담긴 표정들

초판 1쇄 인쇄 | 1998년 11월 10일
초판 6쇄 발행 | 2018년 02월 10일

글·사진 | 류경수

발행인 | 김남석
발행처 | ㈜대원사
주　소 | (06342) 서울시 강남구 양재대로 55길 37, 302
전　화 | (02)757－6711, 6717~9
팩시밀리 | (02)775－8043
등록번호 | 2011－000081호
홈페이지 | http://www.daewonsa.co.kr

ⓒ 류경수, 1998

값 18,000원

Daewonsa Publishing Co., Ltd
Printed in Korea 1998

이 책에 실린 글과 사진은 저자와 주식회사 대원사의 동의 없이는
아무도 이용할 수 없습니다.

ISBN | 89－369－0942－8

우리 옛 건축에 담긴 표정들

사진·글 류경수

대원사

참다운 옛 건축의 이해를 위하여

정부에서 1999년을 '건축의 해'로 정했다는 소식을 듣고 건축인의 한 사람으로서 반가운 생각이 들었다. 내년에는 건축과 관련된 의미 있는 일들이 많이 있을 것이라 기대된다. 그런데 1998년을 얼마 남기지 않은 이때 대원사에서 류경수 씨의 『우리 옛 건축에 담긴 표정들』을 발간하게 되니 더욱 의미 있는 일인 것 같다.

내년을 건축의 해로 정한 이유가 무엇인지 자세히는 알 수 없으나 현재 '우리 건축'에 대한 재조명과 곧 닥쳐올 21세기의 미래상을 설계해 보자는 데 큰 의미를 둔 것이 아닌가 생각된다. 많은 사람들이 현재의 우리 건축을 가리켜 국적 없는 건축이라고들 한다. 왜 이러한 비판이 나오는지 한 번쯤 생각해 볼 필요가 있다.

세계 어디를 가든 나라마다 그들의 전통이 담긴 건축이 존재한다. 어느 외국 건축가가 서울의 건축들을 보며 건축 시장 같다는 말을 했다고 한다. 아마도 현대 건축들이 우리만의 전통성을 이어오고 있지 않다는 말일 것이다. 그러나 우리나라에는 진정 그런 건축이 없다는 말인가?

그렇지는 않을 것이다. 다만 일제에 의해 역사의 연속성이 끊기고 서양 문물이 물밀듯이 들이닥쳐 전통의 고리가 단절되기도 하였지만 그보다 우리 것을 비하하는 대다수 사람들의 의식에 더 큰 문제가 있지 않을까 자문해 본다. 주위를 둘러보면 곳곳에 우리의 옛모습과 전통을 간직하고 있는 건축물들이 오롯이 남아 있으며 또 소수이지만 그 전통을 현대화시키려는 사람들의 끊임없는 노력이 있다.

조화(造花)가 향내를 발하지 못하듯 뿌리 없는 문화는 개화(開花)하지 못할 것이다. 새로운 세기에는 멋진 건축물들이 출현하였으면 하고 바랄 뿐이다. 그러기 위해서는 선행되어야 할 것이 있다. 먼저 건축에 종사하는 이들은 물론 일반인들의 생각 또한 크게 바뀌어야 한다. 건축주나 건축가뿐만 아니라 건축물을 이용하는 일반인들도 모두 바뀌어야 한다. 단절된 역사를 극복하고 참다운 전통을 잇고자 하는 마음이 하나될 때 우리 건축의 전통성을 찾을 수 있을 것이다.

시중에는 많은 건축 관련 책자들이 있다. 건축 전공자가 저술한 책도 있고, 일반인들이 건축물을 보고 느낀 단상을 편안하게 적어 놓은 책들도 있다. 많은 책자들 가운데 류경수 씨의 『우리 옛 건축에 담긴 표정들』이 의미 있는 것은 그가 건축을 공부한 젊은이로서 우리의 옛 건축에 대한 탐구를 꾸준히 해 왔다는 점이다. 그는 현대인들이 이어나가야 할 우리 옛 건축의 장점들을 꾸준히 찾아 사진으로 기록하는 작업을 해왔다. 그러한 일련의 성과물로 발간하는 이 책은 특히 대중들의 우리 전통 건축에 대한 이해를 위해 좋은 길잡이가 되지 않을까 생각한다.

이 책은 궁궐, 성곽, 사찰, 서원, 살림집으로 분류하여 30여 실물 유구(實物遺構)를 시각적으로 알기 쉽게 설명하고 느낀 대로 해설한다. 저자는 우리 건축의 공간 구성과 환경과의 조화에 관심을 가지고 건축물의 숨겨진 표정에 천착하고 있다. 인공물이면서 자연을 닮은, 그래서 인위적인 조경조차 자연의 일부처럼 보이는 우리 건축에 심취해 있는 것이다.

전통 건축에 대한 감상이란 것이 보는 이에 따라 제각기 그 견해가 다른 것이 통상적이지만 자기가 직접 현물을 답사하고 사진으로 담기 위해서는 남달리 숙고, 분석해야 한다. 그것도 한 번이 아니라 여러 차례에 걸친 답사를 통해 얻어지지 않으면 안 된다.

요즘은 무엇이든지 미사여구를 동원하여 치장하고 감성에 호소하는 책들이 흔한 시대이다. 하지만 류경수 씨는 옛 건축을 연구함에 있어 불국토를 형상화한 수도 공간으로서의 사찰, 왕권의 권위를 위한 장엄을 보여 주는 궁궐, 삶의 지혜와 체취를 느낄 수 있는 살림집 등을 있는 그대로 솔직히 보여 주려 했다.

이러한 그의 노고에 경의를 표하며 아울러 이 책을 출간해 주신 대원사 여러분께 고마움을 전하는 바이다. 이미 '빛깔있는 책들'로 독자들에게 친숙한 중견 출판사인 대원사에서 이렇듯 신진에게 출간의 기회를 준 것은 참으로 잘한 일이라 생각된다. 앞으로 이러한 책자가 많이 출간되어 우리 건축을 세계에 알리고 참다운 전통 계승에 이바지하기를 기대해 본다.

같은 건축을 공부하는 선배의 한 사람으로 『우리 옛 건축에 담긴 표정들』의 출간을 다시 한 번 축하하는 바이다.

1998년 10월 김동현

참다운 현대 건축을 위하여

　　한 나라의 문화 수준은 국민들의 의식 수준에 비례한다. 건축 역시 마찬가지이다. 국민들은 본 만큼, 그리고 아는 만큼 요구할 수밖에 없고 그 요구에 맞추어 건축물이 만들어진다. 그런데 요구 사항이 허술하고 구체적이지 못하니 좋은 건축물이 만들어질 리 만무하다. 이는 충분한 이해와 경제력을 기반으로 해야 좋은 건축물이 만들어지는 건축의 속성에서도 연유하지만 대체적으로 건축물이 가지는 특성과 중요성을 일반인들이 인식하지 못하는 데서 기인한다. 더 구체적으로 말하자면, 자신이 짓는 집 한 채가 가지는 중요성을 인식하지 못하는 데서 기인하는 것이다.

　　건축물은 순수 예술인 회화나 조각과는 성격이 다르다. 대부분의 회화나 조각은 특정한 공간에 있어 보고자 하는 사람만이 볼 수 있다. 즉 감상이 제한적이다. 그러나 건축물은 잘생긴 놈이나 못생긴 놈 모두 다 밖에 나와 있다. 일부의 사람이 건축물을 사용하지만 그 앞을 지나는 모두가 보는 것이다. 직접적인 관련은 없더라도 간접적인 영향을 미치고, 우리들이 사는 환경의 일부가 된다. 이런 이유로 좋은 건축물은 좋은 도시환경을 만들지만 나쁜 건축물은 나쁜 도시환경을 만든다. 그렇게 모인 건축물들은 땅을 뒤덮고, 결국에는 온 지구를 뒤덮는다. 한 동네의 이미지뿐만 아니라 한 도시의 이미지를 결정하고, 한 나라의 이미지, 더 나아가 세계의 이미지를 결정하는 데 일조(一助)한다.

　　자연 이외의 모든 인공물이 건축물이라 해도 지나친 표현은 아닐 것이다. 인간의 손을 거쳐 세상에 나온 물건은 역으로 다시 인간을 지배한다. 그 중에 건축물만큼 그 영향력이 큰 것은 아마 없을 것이다. 개가 집주인을 닮듯이 집 역시 집주인을 닮는다. 그리고 집주인은 그 안에 살기 시작하면서 집을 닮는다. 일단 집이 한 번 지어지면 크게 뜯어고치기 전까지 사람들은 그에 맞추어 살 수밖에 없다. 이런 물리적인 지배뿐만 아니라 건축에 적용된 건축주나 건축가의 철학이 사람들의 사고와 심리를 지배하고, 결국에는 생활과 행동양식까지 지배한다.

새로 지어지는 건축물의 중요함은 아무리 강조해도 지나치지 않다. 짧게는 몇십 년, 길게는 몇백 년을 그 자리에 그대로 있을 것이기 때문이다. 보기 싫다고 가릴 수도, 그렇다고 부술 수도 없다. 보기 싫은 건축물은 어서 수명이 다하길 빌 뿐 그 이상의 조처는 취하지 못한다. 볼 때마다 얼굴을 붉히는 것 외에는 방법이 없다. 결국 처음에 지을 때 잘 짓는 게 현재의 우리를 위한 최고의 선(善)이요, 우리 후손들을 위해서도 최고의 선이다.

현대인들은 이처럼 중요한 건축물을 단순히 경제 논리에 우선해 짓고 있다. 건축물 개체가 가지는 중요성을 떠나 건축이 주는 풍요로움을 알지 못하기 때문이다. 좋은 건축은 인색하지 않다. 항상 넉넉하다. 상하 좌우로 끝간 데 없이 흐르는 내부 공간이 그렇고, 휴식을 제공하는 외부 공간이 그러하며, 시각적인 즐거움을 제공하는 조경이 그렇다. 그 넉넉함은 건축주의 마음에서 나오고, 그 넉넉함은 거주자뿐만 아니라 이용자들도 공유하게 된다. 모든 게 넉넉한 만큼 입면 역시 다양하고 풍요로워 보는 이들까지 시각적으로 즐겁게 해준다. 돈을 떠나, 알지 못하니 요구하지 못한다. 더욱이 전통 한옥이 지니는 의미와 가치를 모르니 그에 부합하는 요구를 할 수도 없다. 건축설계 업무에 종사하는 많은 분들이 바쁜 시간을 쪼개 옛 것을 알기 위해 답사를 가지만 얼마나 효과적으로 지식과 영감을 얻는지는 의문이다.

아무리 글로 읽고, 사진으로 보고, 이야기를 많이 들어도 건축물은 실제로 가서 보지 않으면 별 의미가 없다. 설사 답사를 간다고 해도 사람의 기억력이란 한계가 있기 마련이어서 사진을 찍어 두는 것이 좋다. 그래야 기억을 돕는 자료로도 활용할 수 있게 된다. 일반인은 물론 특히 건축설계 업무에 종사하시는 분들은 최소한 이 책에 실린 30곳만이라도 마르고 닳도록 가보시기를 바란다. 일반인 역시 우리 옛 건축이 가지는 무한한 가치와 의미를 알고 그것들을 앞으로 지을 현대건축에 효과적으로 적용하기 위해서라도 한 번씩은 꼭 가보았으면 한다. 건축의 주체는 건축물을 설계하는 건축사나 건축가가 아닌 그곳에 살고 그곳을 이용하는 사람들이다. 그들의 식견과 의지, 이해에 따라 건축의 질이 판가름난다는 점에 유념해야 할 것이다.

마지막으로 당초 임해전지와 소쇄원은 별도의 항목으로 분류해 조경으로 나누려 했으나 실제로 건축과 조경의 경계도 애매하고, 조경에 대한 사진도 풍부하지 않아 부득이 임해전지는 궁궐에, 소쇄원은 살림집에 포함시켰음을 밝혀 둔다. 출간의 시작과 마무리 역할을 해주신 대원사의 박수진 차장님과 건축사진에 눈뜨게 해주신 임정의 선생님께 감사드리며, 여러 모로 도움을 주고 책이 잘되길 기원한 전주에 있는 식구들에게 감사드린다.

1998년 가을 류경수

차 례

한국 고건축의 특징

한국 고건축의 자연 닮기

건축물은 주위의 자연을 닮는다. 자연과의 조화를 위해서다. 건축에 있어 자연과의 조화는 중요하다. 자연은 건축물이 서 있는 배경이 되기 때문이다. 요즘은 도시가 발달하고, 새로 신축되는 건축물의 배경은 이미 세워진 기존 건축물들이 되는 경우가 허다하지만 예전의 건축물은 그 배경이 자연이었다. 즉 야트막한 야산이나 멀리 떨어져 있는 산이 그 배경이 되었던 것이다.

건축에 있어 배경과의 조화, 부조화는 중요하다. 조화를 이루지 못하면 당연히 어색하고 낯설어진다. 이런 관점에서 자연 안에 만들어지는 건축물은 자연과 조화되어야 최상의 조형적 결과를 얻는다. 그러므로 건축물은 배경이 되는 자연과 조화되려고 노력하고, 조화를 위해 자연을 닮으려고 노력한다. 이런 이유로 초가와 기와의 지붕선은 배경이 되는 산의 형상을 닮는다. 초가와 기와의 지붕선으로 인해, 배경이 되는 산의 모습이 일부 잘려 나가거나 중첩되어도 어색하지 않은 이유는 그 형상이 서로 닮았기 때문이다.

건축의 자연 닮기는 인공(人工)의 흔적을 지우려는 시도로 이어진다. 사람이 만들었으면서도 사람이 만든 것처럼 보이지 않게 하기 위해, 자연의 일부처럼 보이도록 인공의 흔적을 지운다. 그래서 주위 환경과 최대한 닮도록 디자인하거나(초가와 기와의 지붕선), 재료를 자연에서 채취한 그대로 쓰거나, 생긴 모습 그대로를 살리기 위해 최소한의 가공으로 주춧돌, 기둥, 보, 서까래, 댓돌 등 건축부재를 만든다. 그 중 대표적인 것이 지붕과 주춧돌이다. 지붕선은 자연과의 조화를 이루는 데 최대의 관건이 된다. 즉 멀리서 보았을 때 가장 빨리 인식되고, 지붕선의 유려함과 자연스러움에 따라 자연과의 조화, 부조화가 판가름난다.

오늘날 야산을 배경으로 지어진 슬래브 건물의 칼로 자른 듯한 수직·수평선이 주위 환경과 전혀 어울리지 못함을 생각한다면 쉽게 알 수 있다. 불규칙한 자연의 선 안에서 강한 수직·수평선은 낯설기만 하다. 이처럼 한국의 자연환경과 건축이 서로 조화를 이루느냐, 그렇지 못하느냐 하는 건 전적으로 지붕에 달려 있다. 그 지붕선의 형상에 따라 그 가부가 판가름났던 것이다. 한옥의 지붕은 자연을 차단하여 내부 공간을 형성하는 본래의 기능 외에 기둥이나 벽이 이루는 강한 수직선을 가려 지붕의 곡선만 드러나게 함으로써 자연에 의해 만들어진 선과 인간이 만든 지붕선이 만나 서로 융화, 조화될 수 있도록 하는 역할을 했던 것이다.

전체적인 느낌을 지붕이 좌우했다면 건축의 각 부분에서 자연 닮기가 최초로 이루어지는 곳은 주춧돌이다. 주춧돌은 보편적으로 궁궐을 제외하면 자연에서 채취한 막돌을 그대로 쓰거나 깬 돌을 쓴다. 땅 위에서 기둥을 받치고 있는 주춧돌은 막생긴 그 형상 때문에 흡사 땅속에 있는 바위의 일부처럼 보인다. 인간이 의도적으로 그곳에 배치해 놓은 것처럼 인식되지 않고 원래부터 그 땅 그 자리에 있는 자연의 일부처럼 보이는 것이다. 이는 최초의 건축 행위인 주춧돌을 가다듬지 않아 최대한 인공의 냄새를 배재함으로써 건축물이 인공 구조물이 아닌 자연을 닮은 '자연의 일부'이기를 바라는 한국인의 미의식이 숨어 있다. 이러한 느낌은 그렝이질이 심하게 된 기둥을 보고 있으면 분명해진다. 그렝이질이 된 주춧돌과 기둥이 만나는 부위의 선은 흡사 나무와 땅이 만나는 선과 같다. 나무와 땅이 만나는 자연의 불규칙한 선을 그대로 옮겨 놓은 듯한 느낌이 강하다. 주춧돌 위의 기둥, 보, 서까래 등도 가공의 정도에는 차이가 있지만 그 형상은 이러한 한국인의 미의식이 그 바탕에 깔려 있다.

한국 고건축의 공간 환원

　건축을 본다 했을 때 크게 두 가지를 본다. 형태와 공간이다. 형태는 그 생김새를 말하고, 공간은 벽을 막음으로써 이루어지는 빈 자리를 말한다. 형태는 미적인 관점에서 보지만 공간은 양감(量感)과 그 흐름으로 본다. 위·아래, 앞·뒤, 좌·우 사방으로 막힘 없이 흐르며 다양한 건축 체험이 가능한 것은 건축 안에 공간이 있기 때문이요, 우리가 건축물을 이용할 수 있는 것도 실제는 공간이 있어서 가능한 일이다. 건축물 안에서 걸어다니는 것, 앉아서 일하는 것, 위아래로 오르내리는 것, 들어가거나 나가는 것 역시 공간이 있어야 가능하다. 이러한 이유로 형태는 미적인 관점에서 보고 공간은 흐름과 그 쓰임으로 본다.

　태초에 공간은 하나였다. 막힘 없이 서로 통하였기 때문이다. 그런데 누군가 최초로 '집'을 지음으로써 내부 공간과 외부 공간으로 나뉘게 되었다. 그리고 집의 수가 늘어남에 따라 그에 비례해 분화된 내부 공간과 외부 공간이 기하급수적으로 늘어났다. 자연에 대한 거부로 바닥과 벽, 지붕을 만들어 거주하기에 적합하게 만든 내부 공간에 대한 반대 개념으로 외부 공간이란 말이 생겨난 것이다. 그리고 내부와 외부로 나뉜 공간을 서로 소통시키기 위해 창과 문을 만들었다. 창으로는 자연이 통하고 문으로는 인간이 통한다. 그러나 이젠 그것이 예전같이 자연스럽게 통하지 않는다. 크게는 건축물이 자리를 차지하여 막고 있고, 작게는 창과 문이 있지만 세세하게 분화된 벽들이 자리를 차지하여 막고 있다. 벽은 차단을 의미한다. 자연을 차단하고, 남을 차단하기도 하지만 공간의 흐름을 차단하기도 한다. 버티고 막고 있으므로 시선도 통하지 않는다.

　우리 모두는 닫힌 문 앞에 서서 고민한 경험을 가지고 있다. 열고 들어갈 것인가, 말 것인가? 문이 열려 있거나, 벽에 문이 없이 개구부만 나 있거나, 벽이 없는 경우에는 고민할 필요가 없다. 그러나 문이 버티고 있는 경우 발걸음은 더 이상 나아가지 못한다. 이처럼 막힌 벽과 문은 사람의 흐름을 차단한다. 사람의 흐름을 차단한다는 것은 공간의 흐름을 차단함을 의미한다. 공간이 흐르지 않고 가다 막히고, 가다 막히면 답답하다. 자유스럽게 끝간 데 없이 흐르고 흐르면 좋으련만 애석하게도 그렇지 못하다. 문이 있기 때문이다. 문은 소통을 위해 있지만 강한 차단의 의미도 가지고 있다.

건축물을 한 채 앉히면 그 자리만큼의 자연이 훼손된다. 토지의 형태가 바뀌고, 나무가 잘리고, 꽃과 풀이 사라지는 걸 떠나 원래 있던 빈 자리를 건축물이 차지함으로써 공간과 시선, 바람이 통하지 않는다. 이는 자연이 가진 강한 생명력을 잃는 것과 같다. 들쇠에 분합문(分合門)을 걸어 들어올리면 문에 의해 막혔던 부분이 트여 공간과 시선, 바람이 통한다. 이와 같이 문에 의해 막혔던 공간을 원래 모습대로 통하게 하는 걸 '공간 환원(空間還元)'이라고 한다. 이는 막거나 잘게 쪼개서 흐름, 곧 생명력을 상실한 공간에 다시 생명력을 부여하는 것과 같다.

누(樓)는 아예 벽과 문을 설치하지 않아 공간의 생명력을 극대화시킨 건축물이다. 차이는 있지만 누는 기둥과 지붕, 바닥이 있을 뿐 벽과 문이 없다. 이런 이유로 자리는 차지하고 있지만 사방으로 트여 건축물이 없는 것과 똑같은 효과가 생긴다. 실(室)이 아닌 바닥과 지붕으로 한정된 트인 공간을 얻은 것이기 때문에 공간과 시선, 바람이 건축물이 없던 이전처럼 통하도록 되어 있다. 또한 기둥과 지붕이 스크린(Screen) 작용까지 해 경관에 대한 미감을 증폭시키기도 한다. 이런 이유로 누에 벽을 세우고 문을 달면 본래 가졌던 시원스런 성품을 잃는다. 문을 연다 해도 최초에 가졌던 강한 생명력—흐름—은 이미 상실한 상태이고, 벽에 의해 막힌 쪽으로는 공간과 시선, 바람이 통하지 않으므로 거의 죽은 것과 다름없다. 오늘날 많은 사찰에서 실을 얻기 위해 누에 벽을 세우고 문을 단다. 이는 누가 가지는 본래의 기능과 가치를 모르고 단순히 부족한 실을 얻기 위함이니 실로 안타까운 일이 아닐 수 없다. 다시 벽을 헐고 문을 떼었을 때 누는 자연에 대한 열린 눈을 회복할 것이고 공간과 바람의 흐름도 회복할 것이다. 한국인의 자연관과 건축관이 가장 극명하게 드러나는 누는 한국인의 자연을 존중하고 자연에 순응하는 소박한 심성을 그대로 보여 주고 있다.

한국 고건축의 내부 공간

한국 고건축은 크게 두 가지 유형으로 나눌 수 있다. 볼륨(Volume:체적)이 위주인 건축물과 공간의 흐름이 위주인 건축물이다. 볼륨이 위주인 대표적인 건축물은 사찰의 법당이다. 궁궐의 정전과 같이 하나로 트인 큰 볼륨만을 갖는다.

법당의 경우 부처님을 모실 자리와 스님들이 예불드릴 자리만 있으면 된다. 그 안에서 공간을 복잡하게 나눌 필요가 없다. 오히려 내부 공간을 잘게 잘게 쪼개 복잡하게 나누었을 때 쓰기에 불편한 건축물이 될 것이다. 정전의 경우도 왕실의 위엄을 갖추기 위해 마당 크기에 합당한 큰 건축물을 세운다. 그러나 안에는 단지 옥좌만 있을 뿐이고, 안에 들어가 앉는 사람도 임금님 한 분뿐이다. 위엄을 갖추기 위해 크게 만들고, 하나로 트인 거대한 볼륨만을 가지고 있을 뿐이다. 화엄사의 각황전, 금산사의 미륵전, 경복궁의 근정전, 창덕궁의 인정전이 대표적인 예이며 이러한 건축물의 볼 거리는 공간이 아니라 그처럼 큰 공간을 만들기 위해 짠 치밀하고 웅장한 구조에 있다. 그러므로 이러한 건축물의 공간은 공허하다. 한 번 보면 볼 것이 없다. 다 트여 있어 막힘이 없으므로 변화를 연출하지 못한다. 비어 있는 상태로 있을 뿐이고, 거대한 빈 공간 자체가 그 건축물의 목적이기도 하다.

반면에 공간의 흐름이 위주인 대표적인 건축물은 사대부의 살림집이다. 살림집은 사람의 생활을 담게 되므로 자연히 내부 공간이 복잡해진다. 위아래를 구분하고, 남녀를 구분하며, 여름 공간과 겨울 공간을 구분하고, 대청마루나 툇마루와 같은 매개 공간도 필요하고, 부엌이나 광 같은 부속 공간이 필요하기도 하다. 이러한 살림집은 사람의 움직임에 따라 공간 흐름을 만든다.

살림집은 그 성격상 큰 볼륨을 필요로 하지 않으므로 구조는 대체적으로 간단하다. 당연히 살림집의 볼 거리는 구조보다 공간의 흐름에 있다. 평면 자체가 선형 구성을 하고 있기 때문에—사찰의 법당이나 궁궐의 정전을 장방형 평면을 하고 있다—한자의 일자(一字)나 한글의 ㄱ자, ㄷ자, ㅁ자를 볼 때 평면을 구성한다. 선형 구성인 만큼 선형을 따라 긴 공간의 흐름이 생긴다. 이 긴 공간의 흐름 사이에 있는 것이 문이다. 당연히 내부 공간을 이야기함에 있어 가장 주목해야 할 것은 문이다.

건축물에서 가장 중요한 것은 공간이다. 건축물을 만드는 이유는 빈 공간을 만들어 유용하게 쓰기 위함이며 이를 위해 바닥과 벽, 지붕을 만든다. 바닥과 벽, 지붕 그 자체가 목적이 아니라 그것들을 통해 공간을 만들고자 하는 것이다. 미학적인 이유로 용마루선과 처마선, 추녀선을 이야기하지만 그것은 차후의 문제로 건축 행위의 핵심은 공간 만들기이다. 만든 공간을 쓰기 위해서는 문과 창을 내야 한다. 만들어 놓고 들어갈 수 없으면 아무 쓸모가 없으므로 사람이 자유스럽게 드나들 수 있도록 문을 내고, 선택적으로 자연을 수용하기 위해 창을 낸다. 문은 공간을 여는 열쇠인 셈이다.

서양의 고건축은 석조(石造)가 많다. 그러나 동양의 고건축은 목조가 대부분이다. 쉽게 구할 수 있는 재료의 차이에서 온 결과로 우리나라도 당연히 목조 건축이 대부분이다. 목조의 구조 방식은 가구식(架構式)으로 나무로 구조적인 틀을 짜고, 그 사이를 힘을 받지 않는 칸막이벽이나 문으로 막는 방식을 말한다. 이런 이유로 기둥과 기둥 사이가 자유롭다. 벽으로 다 막거나, 문이나 창으로 다 막아도 아무 문제가 없다. 건축가나 건축주의 선택 문제이다.

우리나라는 사계절 기후의 변화는 심하지만 열대나 한대 지방에 비해 온순하므로 자연을 적대시할 필요는 없다. 이런 이유로 자연을 최대한 수용한다. 사방으로 산이 좋으니 말할 필요가 없다. 꼭 필요한 곳은 벽으로 막지만 그렇지 않을 경우 기둥과 기둥 사이를 문이나 창으로 다 막는다. 그리고 대청마루와 방 사이에는 분합문을, 방 앞·뒷면에는 마주보게 미닫이문과 여닫이문을, 방과 방 사이에는 미세기문을 설치한다. 평상시에 이 문들은 벽의 역할을 대신한다. 그러나 다 열었을 때 벽은 없어지고 바닥과 천장만 남아 사방으로 관통하는 공간의 흐름이 생긴다. 뒷마당에서 방을 거쳐 앞마당으로 이어지는 공간의 흐름이 생긴다. 뒷마당에서 방을 거쳐 앞마당으로 이어지는 공간의 흐름이 생기고, 안방에서 대청마루를 거쳐 건넌방으로 이어지는 공간의 흐름이 생기고, 침방에서 사랑방을 거쳐 누마루로 이어지는 공간의 흐름이 생긴다. 이러한 흐름은 목구조 특성상 축선에 맞추어 문과 창을 낸 결과이기도 하다. 전체적으로 보았을 땐 공간을 원래대로 환원시키는 행위요, 자연을 집안으로 최대한 수용하는 행위이기도 하다.

내부 공간에서 또 하나 주목해야 할 것은 대청마루다. 대청마루는 크게 네 가지의 기능을 가지는데 첫째가 실과 실의 경계가 된다는 점이다. 안채의 경우 대청마루는 안방과 건넌방의 경계가 된다. 안방은 시어머니의 생활 공간이며, 건넌방은 며느리의 생활 공간이다. 또한 부부의 성생활이 이루어지는 곳이기도 하다. 이런 이유로 안방과 건넌방은 성격상—시어머니와 며느리의 가깝고도 먼 관계, 부부의 은밀한 사생활 확보를 위해—격리되어 있어야 할 필요를 느낀다. 그 경계를 이루는 것이 대청마루로 방과 방의 완충지대 역할을 해주고 있다.

둘째로 지적할 수 있는 것이 공간과 공간을 이어주는 매개 공간이 된다는 점이다. 안마당에서 안방이나 건넌방으로 들어가기 위해 반드시 거쳐야 할 곳이 대청마루인데 항상 시원스럽게 열려 있어—특별한 이유가 아니면 안채의 대청마루는 전면(前面)에 문을 달지 않는다. 이는 입면상 시원한 느낌을 주고 겨울에 햇빛을 효과적으로 수용할 수 있기 때문이기도 하다. 궁궐의 침전, 낙선재와 연경당, 추사 김정희 선생 고택의 경우에는 안채 전면에 여닫이문이 달려 있다—대청마루를 통해 방안으로 쉽게 진입하도록 되어 있다. 또한 방안에서 마당으로 나설 때, 안방과 건넌방 사이를 오갈 때 대청마루는 공간과 공간을 이어주면서 매개 공간으로서의 역할을 톡톡히 하고 있다.

셋째로 대청마루는 여름 공간으로 활용된다는 점이다. 우리나라의 살림집 공간은 겨울 공간과 여름 공간으로 나뉜다. 겨울 공간은 온돌을 설치한 온돌방을 말하고, 여름 공간은 마루를 설치한 대청마루나 누마루를 말한다. 마루는 밑에 동바리를 고여 설치하는데 마루 앞뒷면을 막지 않아 바람을 유도하고 있다. 마루 밑으로 유도된 바람은 마루판에 생긴 틈새로 밀려 들어오고, 대청은 자연히 시원해진다. 또한 공간 구성상 안마당은 텅 빈 상태로 비워 두고 뒷마당에는 대나무나 소나무 등을 빽빽하게 심어 기압 차이로 인한 바람을 유도하기도 한다. 뒷마당의 차가운 공기가 앞마당의 더운 공기를 밀어 바람을 만들고, 바람은 판문을 거쳐 대청마루를 지나 안마당으로 밀려 나간다. 대청마루는 바람이 지나는 통로가 되는 셈이다. 여름을 시원하게 나는 관건은 온도나 습도보다 바람의 유무(有無)에 달려 있다. 바람을 얻으면 여름을 시원하게 날 수 있지만 바람을 얻지 못하면 후텁지근한 여름을 보내게 된다. 우리 조상들은 현명하게 여름 공간으로 대청마루를 만들고, 그곳에서 한여름의 오후를 시원하게 보냈던 것이다.

넷째로 생각할 수 있는 것이 입면 구성상의 효과이다. 사랑채와 안채의 경우 가운데 대청을 경계로 큰사랑방과 작은사랑방, 안방과 건넌방을 배치한다. 통상적으로 대청의 전면에 문을 달지 않는데 문을 달았을 경우 입면 전체가 흙벽과 문, 창으로 다 막혀 있어 지극히 답답한 입면 구성을 하게 된다. 문을 열 때야 덜하겠지만 겨울철에는 닫을 수밖에 없는 것이 문이고 보면 겨울철 입면은 답답함 그 자체가 된다. 이런 이유로 대청 전면에는 사랑채와 안채를 불문하고 문을 달지 않는 게 통례이다. 이 역시 건축가나 건축주의 선택 문제지만 대청 전면에 문이 없어 항상 열려 있을 경우 입면은 달라진다. 특히 안채는 성격상 외부로 향한 닫힌 눈을 가지고 있고, 평면도 ㅁ자형 평면이 주류를 이루고 있다. 이런 이유로 밖에서 보았을 때 흙벽과 판벽, 판문으로 온통 막혀 있어 답답한 입면 구성을 하고 있다. 그 숨통이 트이는 곳이 안채의 대청마루로 중문을 열고 들어와 안마당에 서서 보면 안채의 입면이 시원스럽다. 여백의 미가 강하게 느껴지는 입면 구성으로 안채의 아름다움을 느낄 수 있게 해주는 것은 대청마루가 있기 때문이다.

영역 한정, 건축가의 공간 만들기

건축가들은 건물수가 많아 군(群)을 이루면 의도를 가지고 영역을 나누고 한정한다. 기능을 나누고 건물간의 위계, 다양한 건축 체험 그리고 감동을 위하여. 영역을 한정하는 방법은 다음과 같다.

첫째가 부지의 높이 차이로 영역을 한정하는 방법이다. 산을 배경으로 한 경사지의 경우 건축물을 앉힐 부지를 조성하기 위해 석축을 쌓는다. 석축이 여러 개면 여러 단의 부지가 조성되고, 그 부지의 높이에 맞게 건축물을 앉힌다. 통상적으로 위계가 낮고 진입에 쓰이는 건축물은 밑에, 중요하고 위계가 높은 건축물은 위에 배치해 시각적으로 위계를 뚜렷이 한다. 흔히 산지형 사찰에서 볼 수 있는 방법으로 송광사의 경우 승보사찰이기 때문에 위계가 가장 높은 선방 영역이 대웅보전 뒤의 가장 높은 곳을 차지하고, 해인사의 경우 법보사찰인 이유로 고려대장경을 안치한 장경전이 대적광전 뒤의 가장 높은 곳을 차지한다.

살림집에서도 조상들의 위패를 모신 가묘가, 서원의 경우는 성현들의 위패를 모신 사당이 가장 높은 곳을 차지한다. 이처럼 부지의 높이에 따라 건축물을 앉힐 경우 상하의 공간 연결을 위해 계단을 설치하는데 산지형 사찰인 부석사나 해인사의 경우처럼 최종 목적지에 이르기 위해서는 돌계단을 계속해서 올라야 한다. 이처럼 여러 단의 석축을 이용해 영역을 한정할 경우는 위아래로 끊임없는 공간의 흐름이 생긴다.

둘째는 건물군으로 영역을 한정하는 방법이다. 건축물을 배치해 공간의 흐름을 만들기 위해서는 마당이 필요한데 마당은 대체적으로 비워 놓는다. 이 빈 공간을 통해 원하는 건축물로의 출입이 가능해지고 다른 영역으로 넘어가기도 한다. 보통 건축물을 무리지어 앉힐 때 ㄱ자나 ㄷ자, 튼 ㅁ자, ㅁ자로 배치하는 것은 이와 같이 마당을 얻어 원활한 소통을 하기 위함이지만 텅 비워 둠으로써 여러 가지 용도로 다양하게 쓸 수 있기 때문이기도 하다. 또한 비워 둠으로써 생기는 여백의 미 때문이기도 하다. 실제로 건축물 자체로 보았을 때 대청은 방과 방 사이의 원활한 소통과 여름을 위한 공간으로 쓰이지만 다 막아 버리거나 꽉 채워 버림으로써 느끼는 답답함을 탈피하기 위한 입면 구성의 요소로 쓰이기도 한다.

이처럼 마당을 중심으로 건축물로 에워쌈으로써 건물 모서리 또는 누하(樓下)로의 다양한 흐름이 생겨 다양한 공간 체험을 가능하게 한다. 살림집에서 안채의 구성, 사찰에서 대웅전을 중심으로 한 튼 ㅁ자 구성, 서원이나 향교에서 강당을 중심으로 한 튼 ㅁ자 구성이 대표적인 예이다.

셋째로 담장으로 영역을 한정하는 예이다. 담장은 공간과 동선, 시선을 차단한다. 이런 이유로 외부나 타인에 대한 강력한 거부의 의미를 내포하고 있으며, 자신만의 영역을 고집할 때 쓰는 수단이 된다. 사용자의 출입을 가능하게 하고 사람을 선별적으로 통행시키기 위해 담장 사이에 문을 내기도 하지만 외부인이 보았을 때는 거부와 단절의 의미가 더 강하다. 담장의 속성은 이러하지만 담장을 잘 이용하면 한 영역에서 다른 영역으로 넘어가는 경계가 되어 강한 호기심을 유발하고, 각자의 영역을 다르게 구성해 전혀 다른 공간 체험을 가능하게 해준다. 즉 담장은 잘못 쓰이면 거부와 차단의 몸짓이 되지만 잘 쓰면 변화의 시작이 된다. 누가 어떻게 쓰느냐에 달려 있는 것이다. 궁궐, 사찰, 서원, 향교, 살림집에 공통적으로 쓰여 밖으로는 우리 식구와 남의 식구의 영역을 구분하기 위해 쓰이고 안으로는 위와 아래, 남과 여, 나와 남의 영역을 구분하기 위해 쓰인다.

넷째로 담장을 대신해 나무와 꽃, 물로 영역을 한정하는 경우이다. 나무와 꽃으로 담장을 만들어 영역을 한정하면 돌이나 흙으로 만든 담장에 비해 배타적인 느낌이 덜하다. 시각적으로 보기 좋고 영역을 한정했다는 느낌만 들 뿐 거부의 느낌은 들지 않는다. 촘촘하게 심어 타인의 통행을 막기도 하지만 상관없는 경우에는 드문드문 심어 영역 표시만 하기도 한다.

물의 경우 돌이나 흙으로 만든 담장만큼이나 영역을 명확하게 나눈다. 그러나 공간과 시선의 흐름은 연결된다. 사찰에서 계곡을 건너 본당의 영역을 구성하거나, 연못

안에 석가산을 만들고 정자를 앉히는 것 역시 물로 영역을 한정하는 예에 속한다. 물을 건너 성역(聖域)으로, 물을 건너 이상향의 세계로 진입하는 것인데 물을 속계와 선계의 경계로 활용하는 것이다. 나무나 꽃, 물을 이용해 영역을 나누는 것은 인공이 아닌 자연에 의지해 영역을 한정하는 것으로 담장에 비해 훨씬 고단수의 건축 수법이다.

살림집에서 담장으로 탱자나무를 심거나 해인사에서처럼 일주문에서부터 봉황문에 이르기까지 전나무를 심어 영역을 한정한 경우, 송광사나 선암사 혹은 대둔사(대흥사)처럼 계곡을 건너 사찰 본당으로 진입토록 한 경우, 창덕궁 연경당이나 구례의 운조루처럼 대문 앞으로 물을 흘려 그 위로 진입토록 한 경우, 경복궁의 향원정처럼 연못에 난 다리를 건너 정자에 진입토록 유도하는 경우 역시 모두 꽃과 나무와 물을 이용하여 영역을 한정한 예이다.

다섯째로 기단에 의한 영역 한정을 들 수 있다. 기단은 대체적으로 전체보다 개체의 영역을 한정하기 위해 쓰인다. 땅바닥보다 높게 돌로 석축을 나지막이 쌓고 그 위에 건물을 앉힌다. 그러면 그 주변은 바닥의 높이 차이로 인해 그 건축물의 자체 영역이 된다. 기단은 건물간의 위계를 나타내기도 한다. 남보다 기단이 높은 건축물은 여러 건축물 가운데 중심 건축물이 되고 그 이외의 건축물은 부속 건축물이 된다. 튼 ㅁ자 구성을 한 사찰의 대웅전이 그렇고, 서원에서 중앙에 위치한 강당이 그렇다. 이 경우 중심 건축물은 주 동선 방향에서 보았을 때 중앙에 위치할 뿐만 아니라 주위 건축물보다 더 높은 기단을 확보함으로써 건물 자체의 크기는 물론 기단의 높이 차이로 위계를 나타낸다. 궁궐, 사찰, 서원, 향교, 살림집에서 공통적으로 나타나는 현상으로 궁궐의 정전을 보면 쉽게 알 수 있다. 대표적인 예가 경복궁 근정전으로 기단을 이중으로 구성해 월대(月臺)를 높이 만들고 그 위에 건축물을 앉힌 경우이다. 월대 위는 바닥과 구분되어 근정전의 자체 영역이 된다.

조경, 건축의 완성

　　건축에서의 조경을 쉽게 말하면 나무심기이다. 그러나 어렵게 말하면 건축물을 배치함에 있어 풍수상으로나 시각적으로 허한 곳을 보완하고, 외부로부터의 시선을 차단하며, 자연의 변화를 감지하고, 수목을 감상할 기회를 마련하는 것이다. 또한 시각적인 악센트 효과가 있으며, 휴식처를 제공하고, 영역을 한정하거나 인식시키고 구분하기 위해 나무를 심는 것을 말한다. 때로는 색다른 분위기 연출을 통해 외부 공간에 특성을 부여하기 위해 조경을 하기도 한다. 단순히 집 짓고 남은 빈터에 나무를 심는 것과는 차원이 다르다.

　　그러나 무엇보다도 중요한 것은 건축과의 어우러짐이다. 좋은 건축에는 어김없이 훌륭한 조경이 따른다. 건축물과 조경이 따로 놀지 않고 한몸처럼 어우러져서 완벽한 조화를 이루는 것이다. 그 조화란 꼭 있어야 할 곳에 사람이 일부러 심은 게 아니라 건축 이전에 그 자리에 있었던 것처럼 보이는 효과를 말한다. 인공이 배제된 듯한 느낌, 그것이 참된 조경 효과라고 할 수 있다. 꼭 필요한 곳에 심은 한 그루의 나무는 건축물 전체를 시각적으로 살려 주지만 불필요한 곳에 심어진 나무는 시선을 차단하여 건축 전체의 질을 떨어뜨린다. 이런 이유로 건축은 조경에 의해 완성되나 역으로 조경에 의해 망가지기도 한다. 통상적으로 입면에 약점이 있어 보완할 필요가 있는 건축물을 가려서 숨겨 주지만, 입면이 빼어난 건축물은 건축물로 향하는 시선을 열어 주고 방안에서의 시원한 조망을 얻기 위해 바로 전면에 나무를 심지 않는다. 또 인공이 너무 강하게 느껴질 때, 부분을 가려 은밀한 느낌을 주고자 할 때 나무를 심기도 한다.

　　건축에서 나무가 있다는 것과 없다는 것은 큰 차이를 갖는다. 나무는 곧 자연을 의미하고 건축이 나무와 함께함은 건축이 자연과 함께하고 그 안에서 거주하는 건축주나 사용자 역시 자연과 함께함을 의미한다. 하지만 그렇지 않을 경우 자연이 없는 황량한 인공 구조물 안에 사람이 거주하는 걸 의미해 건조하게 느껴진다. 뒷배경으로 울창한 수목을 보유하고 있거나 마당이나 집 주위에 크지 않은 적당한 키의 수목을 보유하고 있는 집은 풍요로워 보이고 안정감 있어 보인다. 나무가 가진 이미지가 집에 적용되어 우리들에게 전달되기 때문이다.

한국의 고건축에서 나무의 쓰임은 실로 다양하다. 실례로 향단 사랑채의 협문 밖과 창덕궁 연경당의 안채로 통하는 중문 앞의 나무는 개구부나 영역에 대한 인식의 부호로 쓰이고—연경당의 경우 사랑채로 통하는 솟을대문에 비해 안채로 통하는 평대문이 다소 밋밋하게 보여 변화감을 주기 위해 심었다—창경궁의 문정전과 해인사의 요사채 마당에 심은 나무는 외부 공간을 부드럽게 한정하는 데 쓰였다. 해인사 일주문에서 봉황문 사이에 심어진 전나무는 담장을 대신해 영역을 한정하는 데 쓰이고 있다. 낙선재와 창덕궁 대조전 후원의 화계(花階)는 전체적으로 보았을 때 건축과 조경이 완벽하게 하나가 되도록 했을 뿐 아니라 방안에서 관상할 수 있도록 만든 것이고, 김동수 가옥의 대문과 안채로 통하는 중문 앞에 심어 놓은 나무는 들어가고 나갈 때마다 볼 수 있는 위치에 심어져 있다.

또한 병산서원의 전사청과 도동서원의 사당 앞의 경우는 제 위치에 심어진 나무 한 그루 덕분에 건축물 전체의 경관이 살아나는 예이고, 부석사 무량수전 앞에는 시원한 조망을 얻기 위해 일부러 한 그루의 교목도 심지 않았다. 창경궁 빈양문 밖의 나무는 침전인 통명전으로 향하는 시선을 차단하기 위해, 손동만 가옥의 집 안팎에 심어진 나무는 사랑 앞마당을 평화롭고 안정감 있게 보이도록 한다. 도산서원의 동광명실 앞의 나무는 관상용으로뿐만 아니라 담장 모서리의 시각적 허전함을 보완하기 위해 심었다. 또 창덕궁 인정전의 경우 회랑이 배경이 되는 동쪽은 수목이 적은 데 비해 상대적으로 석축과 담장으로만 한정된 서쪽은 수목을 크고 밀실하게 가꾸어 시각적인 허전함을 보완하고 있다. 살림집에서 안채의 뒷마당에 촘촘하게 심어진 나무는 비어 있는 앞마당과의 기압 차이에 의해 대청으로 통하는 바람을 만들고, 대청에 앉았을 때 안마당의 비워져 있음과 뒷마당의 채워져 있음이 강한 시각적 대비를 이루도록 심어져 있다.

건축 감상, 개체와 전체

건축 감상은 개체와 전체를 다 같이 보아야 한다. 개체라 함은 국보, 보물, 중요 민속자료, 지방유형문화재 등과 같이 개개의 건축물이 건축적 가치를 인정받아 문화재로 지정된 단독 건축물을 말하고 전체라 함은 건축물 하나하나가 모여 군(群)을 이룬 상태를 말한다.

개체를 제대로 감상하기는 힘들다. 우선 건축사(建築史)의 흐름에서 그 건축물이 가지는 학술적인 가치를 알아야 하며, 부분에 대한 건축적 의미와 구조적인 의미를 어느 정도는 알아야 하는 것이다. 가장 힘든 것이 구조적인 의미를 이해하는 일로 이는 건축을 전공한 이라 하더라도 많은 공부가 필요하다. 단순하게는 한눈에 보아 좋고 나쁨을 판별하고, 좋으면 어떠한 점이 좋은가 하는 막연하게나마 자신의 생각을 가지고 있어야 한다. 학술적인 판단이 아닌 직관과 느낌에 의한 가치 판단도 나쁘지는 않다.

개체를 감상할 때 주의해야 할 점은 장식의 중요함을 간과하지 않는 것이다. 장식은 구조적인 역할이 약하지만 상징적인 의미가 있어 건축의 표정을 풍부하게 해주고, 볼 거리를 제공하며, 건축물의 완성도를 높여 준다. 처마 위의 잡상들, 처마의 단청, 처마 밑의 용머리 조각, 문짝에 사용되는 다양한 문양, 사찰 기둥 밑의 연꽃무늬 주춧돌, 소맷돌의 석수, 담장과 벽에 새겨 넣은 문양과 화초 등이 그러하다.

경복궁 근정전은 건축물 자체로도 우수하지만 건축물을 받치고 있는 월대에 훨씬 많은 변화가 있다. 근정전 월대에 새겨진 석수(石獸)들은 숫자도 많을 뿐더러 다양한 표정을 하고 있어 제대로 보려면 많은 시간을 투자해야 한다. 월대를 보지 않고 근정전이라는 건축물만 보고 가는 것은 중요한 것을 놓치고 다 보았다고 만족해 하는 것과 똑같다. 정도의 차이는 있지만 이처럼 장식이 건축물 자체보다 우선해 그 가치와 재미를 가지는 경우도 있다.

그러나 전체는 개체와 개체가 군을 이루어 만든 구성을 보는 것이다. 단독 건축물의 우수함보다는 전체적인 짜임새를 보는 것이다. 개체가 우수하나 전체적인 짜임새가 허술한 경우가 있고, 개체는 빈약해도 전체적인 짜임새가 우수한 경우도 있다. 가장 바람직한 형태는 개체와 전체 모두 다 우수한 경우라 하겠다. 일반인들이나 건축을 전공한 이들이 건축을 감상함에 있어 간과하기 쉬운 점은 전체에 대한 것이다. 문화재로 지정받았다는 이유만으로 단일 건축물에 매달려 그것만 보고 지나치는 경우가 비일비재한데 실제로 건축을 감상하는 재미는 개체보다 전체를 보는 데 있다. 우선 건물 배치에 의해서 생긴 외부 공간이 얼마만큼 다양하고 재미있게 전개되고 있는가를 보아야 하고, 이웃하는 건축물들이 모여 무리를 이루었을 때 서로 얼마나 잘 어우러지는가를 보아야 하며, 건축물과 조경이 얼마나 잘 조화되는지 보아야 한다. 또한 내부 공간과 외부 공간이 얼마만큼 자연스럽게 소통되고 있는지, 건물군(建物群)이 얼마만큼 주변 환경과 잘 조화를 이루었는지도 보아야 한다. 담장, 석축, 기단, 계단, 다리, 석탑과 석등도 하나하나 눈여겨보아야 한다.

특히 석축과 담장은 한국 고건축의 특징을 잘 나타내는 중요한 요소로 주의 깊게 보아 둘 필요가 있다. 경사지의 경우 석축은 부지를 만들기 위한 최초의 건축 행위로 많은 공력을 필요로 한다. 불국사의 경우 석축이 건축 행위의 반을 차지한다 해도 과언이 아니다. 또한 담장의 경우 우리 식구와 남을 가르는 경계로 경사를 따라 계단식으로 구성할 경우 재미와 변화감을 동시에 보여 준다. 두 가지 다 건축에서 차지하는 비중으로 볼 때 결코 쉽게 지나칠 성질의 것은 아니다.

건축물과 건축물, 건축물과 조경, 건물군과 주변 환경간의 상호 조화, 어우러짐은 건축물 전체를 감상하는 키워드(Key Word)로 농구로 말하자면 팀워크(Team Work)에 해당된다.

궁궐

조선시대의 궁궐은 경복궁·창덕궁·창경궁·경희궁·경운궁(덕수궁)으로 정궁(正宮)은 경복궁 하나이며 나머지 궁궐은 다 이궁(離宮)이다. 이궁이란 임금이 정궁을 떠나 밖에서 거처하는 별궁(別宮)을 말한다.

궁궐이란 좁은 의미에서는 왕과 왕의 식솔들이 거처하는 곳이지만 넓게는 국가의 대소사를 결정하는 곳이다. 공식적인 행사와 정무를 돌보았던 정전과 편전은 살림집으로 보면 사랑채요, 침소였던 침전은 살림집으로 치면 안채에 해당한다. 살림집과 같이 담장을 두르고, 휴식과 손님 접대를 위해 설치한 경복궁의 경회루는 사랑채의 누마루에 해당된다. 경복궁이나 창덕궁의 후원 역시 살림집의 별채나 후원과 그 기능이 유사하다. 그러면 궁궐과 살림집은 무엇이 다를까? 간단하게 말하면 격(格)이다. 최고의 건축가와 기술자, 최고의 건축 자재로 건축물을 만드는 만큼 궁궐은 최상의 품격을 유지하고 있다. 그 품격은 왕조의 권위를 유지하는 데 일조한다. 우선 크기가 크고, 높이가 높고 모양새가 화려하다.

건물 크기가 다름은 영역의 크기가 다름에서 기인한다. 거주 인원과 쓰임에 맞게 영역을 한정하고 영역이 넓은 만큼 스케일(Scale)에 맞게 건물을 크게 짓는다. 이는 단순히 사람을 위압하고, 권위를 갖기 위해 크게 짓는 것이 아니다. 스스로 보유하고 있는 영역의 크기에 맞게 건물 크기를 갖는 것이다. 단적인 예로 공식적인 행사가 이루어지는 정전의 경우 그에 맞게 너른 외부 공간을 확보하고 있고 그 넓이에 맞게 정전의 크기를 갖는다. 그러나 편전의 경우는 왕이 정사를 돌보던 곳이므로 그다지 넓지 않은 외부 공간을 갖고, 그에 맞게 건물 역시 크지 않다. 이는 단순히 건물 크기로 상대를 위압하여 그 위에 군림하겠다는 의도가 아니라 용도와 쓰임에 맞게 크기를 맞춘 것이다.

궁궐의 외벽 담장은 살림집에 비해 약간 높다. 외벽의 재료 또한 돌이나 흙, 벽돌을 쓰지 않고 화강암 사괴석을 쓴다. 보다 좋은 재료로 튼튼하게 쌓을 뿐 지나치게 높지는 않다. 이 높이 또한 영역의 크기에서 기인한다. 영역이 넓은 만큼, 건축물의 크기가 큰

만큼, 그에 비례해 높이가 약간 올라간 정도이다.

일반 살림집과 가장 두드러진 차이는 정전 영역을 한정하는 담장이다. 경복궁·창덕궁·창경궁 모두 정전에 회랑을 둘렀다. 일반 건축물의 담장이 단순히 경계를 나타내고 영역을 한정하는 데 비해, 회랑은 그 기능 이외에 기둥과 지붕을 이용해 비와 햇빛을 받지 않고 통행할 수 있도록 건축물 주위에 통로를 낸 것이다. 이는 단순히 담장을 두른 것에 비해 양감을 가짐으로써 비중 있게 영역을 한정하고, 공식적인 대례가 이루어지는 성역(聖域)임을 암시하는 것이다. 단순히 선 하나를 그어 경계를 두는 것과는 차원이 다르다.

궁궐은 화려하다. 이 화려함이 단적으로 드러나는 건 바닥과 기단, 담장을 두를 때 사용하는 화강석과 일반 전각에서부터 행각(行閣)에 이르기까지 집중적으로 사용된 색(色), 그리고 왕과 왕비의 침전이나 연침에 사용된 꽃담장에서 찾아볼 수 있다.

건축 재료로서 돌이 가지는 이미지는 불변과 장중함이다. 견고하여 변하지 않고 장중하여 가볍지 않으니 궁궐의 건축 재료로서는 최적이다. 이런 이유로 바닥에서 기단, 기둥, 담장, 계단, 다리에 이르기까지 견고함을 필요로 하는 곳은 최대한 돌을 사용했다. 돌을 많이 사용하니 자연히 장식도 돌로 하게 된다. 가장 많은 돌을 쓰고, 돌 장식을 가장 많이 한 경복궁의 근정전은 화려함과 장중함을 동시에 지니고 있다.

경복궁은 정궁으로서의 기품을 지닌 궁궐이다. 가장 명확하게 드러나는 것이 그 입지이다. 풍수지리적으로 주산에 북악산을, 좌청룡에 낙산을, 우백호에 인왕산을, 안산에 목멱산(남산)을, 조산에 관악산을 둔 서울의 명당에 경복궁이 자리하고 있다. 이러한 점을 가장 확연히 드러내는 것이 바로 앞에서 본 근정전 모습이다. 북악산과 인왕산을 배경으로 장엄한 근정전 모습을 드러냄으로써 정궁의 정전으로서의 위치를 분명히 보여 준다.

각 궁궐 정전의 규모를 비교해 보아도 이 점은 쉽게 알 수 있다. 경복궁의 근정전이 정면 5칸, 측면 5칸인 데 비해 창덕궁 인정전은 정면 5칸 측면 4칸, 창경궁 명정전은 정면 5칸, 측면 3칸으로 구성되어 있다. 명정전은 단층으로 중층(重層)인 근정전과 비교할 수 없는 규모이고 중층인 인정전 역시 측면 칸수가 인정전에 비해 1칸이 적다. 그러나 크기에 있어서는 비슷한 규모이다. 하지만 경복궁 근정전이 멀리 북악산과 인왕산을 배경으로 하고 있어 시원스럽고 더 크게 보이는 데 비해 창덕궁의 인정전은 야트막한 야산을 배경으로 하고 있어 상대적으로 작은 느낌이다. 배경이 되는 키 큰 수목들이 인정전의 입면을 안정감 있게 누름으로써 큰 규모이면서도 그다지 크다는 인식을 못하게 된다. 인정전이 크다는 느낌은 선정전이나 구 선원전 영역 내에서 측면으로 보았을 때처럼 배경이 비어 있어야 비로소 인지가 가능하다. 이러한 느낌은 월대의 높이 차이에서도 기인한다. 월대가 높고 화려한 근정전이 상대적으로 더 커 보이고 더욱 위엄있어 보인다.

　　　　이러한 점은 근정전 건물 밑에 구성되어 있는 이중 월대에서도 확연히 드러난다. 월대의 영역 크기와 높이, 구성 방법, 장식에 이르기까지 창덕궁 인정전과 창경궁 명정전을 압도하고 있다. 더욱이 월대에 새겨진 해태와 청룡 · 백호 · 주작 · 현무의 사신(四神)과 12지신상 가운데 택하여 조각한 동물상들은 창덕궁 인정전과 창경궁 명정전에서는 찾아볼 수 없을 뿐더러, 표정이 생생하게 살아 있어 석물의 양뿐만 아니라 질에서도 월등하다. 이러한 점은 실로 장대하다고밖에 표현할 수 없는 경회루와 궁궐의 정문인 광화문이 창덕궁의 정문인 돈화문과 창경궁의 정문인 홍화문에 비해 구성 및 크기에 있어 월등히 압도하는 점 등 그 실례는 무수히 많다.

　　　　창덕궁은 가장 한국적인 궁궐로 알려져 있으나 일제에 의해 너무나 많은 전각들이 헐리고 변형도 많이 되어 아쉽게도 인정전과 대조전 영역에서 그런 맛을 느끼기가 쉽지 않다. 그 대신 낙선재와 창덕궁의 후원으로 쓰인 비원에서 한국적인 정취를 맛볼 수 있는데, 현재로서는 관람이 제한되어 있어 일반인들이 그러한 맛을 느끼기에는 시간이 너무 촉박하다.

　　낙선재는 임금이 평상시에 한가롭게 거처하던 곳으로 살림집과 똑같은 구성을 하고 있다. 낙선재가 가장 한국적일 수 있었던 것은 본채 뒤의 야트막한 야산을 이용해 만든 화계, 그리고 조경과 하나가 된 건축물에 있다. 낙선재는 한국의 고건축에서 통상적으로 쓰이는 담장 밖의 자연을 집안으로 끌어들여 감상하는 차경(借景) 수법을 쓰지 않고 집안에 또 하나의 자연을 만든 데 있다. 담장 밖의 자연과 구분하여 담장 안에 자연을 만들었는데도 인공의 냄새를 풍기지 않고 건축과 한몸처럼 완벽한 조화를 이루고 있으니 보면 볼수록 놀랍다. 자연 안에서 영역을 한정해 집을 짓고, 그 안에 담장 밖의 자연보다 아름다운 또 하나의 자연을 만들어 건축과 완벽한 조화를 이루었으니 이는 한국인이 바라는 자연관과 건축관이 집약되어 나타난 것이다. 이러한 점이 낙선재를 한 채의 집으로 부르지 않고 건축주의 자연관과 주거관이 반영된 소우주(小宇宙)로 부를 수 있는 이유가 된다.

　　창덕궁 후원(비원)은 낙선재의 적극적인 조원(造園)에 비해 필요한 곳에 최소한의 인공만을 가하여 전각을 세우고, 그곳에서 자연을 감상할 수 있도록 했다. 즉 있는 그대로의 자연을 감상하는 데 초점이 맞추어져 있다. 가장 전통적인 조원 방법으로, 인공을 더하여 좋게 다듬고 화려하게 꾸미고자 하는 욕심이 배제된, 있는 그대로의 자연을 수용하고자 하는 한국인의 너그러운 마음이 담겨져 있다.

　　그러나 낙선재와 창덕궁 후원이 가장 한국적인 건축물이요 정원이라 해도 현재로서는 아무 의미가 없다. 일반인들이 자유로이 관람할 수 없기 때문이다. 낙선재는 사랑 앞마당만 한 바퀴 돌고 나오는 데 그치고, 후원은 입구로 되돌아오는 길에 스쳐가는 정도에 불과하다. 자세히 보고 체험하기에는 제약도 많고 시간 또한 터무니없이 부족하다. 몇 날 며칠을 봐도 부족한 것을 한 시간 정도에 휘돌아 보고 나온다. 혹시 또 아는가? 어린 나이에 낙선재와 후원을 돌아보고 우리 건축 연구에 평생을 바칠 인재가 나올지……. 이유야 많겠지만 관람의 자유를 주는 건 창작의 자유를 주는 것만큼이나 중요하다. 그건 모두에게 가능성을 열어 주는 것이다.

창경궁은 당초 조성 목적이 세 분의 왕후를 모시기 위한 궁이었으므로 영역이 넓지 않고, 전각들이 그다지 크지 않다. 정전인 명정전도 경복궁 근정전과 창덕궁 인정전에 비하면 단층이라 다소 왜소해 보인다. 그러나 정전과 편전, 침전으로 이어지는 구성 자체만 두고 보았을 때는 가장 활달하고 역동감이 있다. 경복궁이 정전·편전·침전을 축선상에 두어 다소 단조롭게 배치되었고(배치와 구성이 다소 단조로운 만큼 근정전의 월대에 그 많은 변화를 부린 것이다), 창덕궁의 정전·편전·침전이 서에서 동으로 나열하듯이 배치되어 큰 감흥을 주지 못하는 데 비해 창경궁의 배치는 자유스럽고 구성에 변화가 있다.

가장 돋보이는 것이 회랑이다. 명정문 앞에서 시작한 회랑은 좌우로 전개되다가 편전인 문정전의 문정문 앞까지 이어지고, 명정전 뒤의 빈양문까지 이어지는데 회랑이 명정전·문정전·숭문당 사이의 동선을 연결해 주면서 다양한 변화를 연출하고 있다. 이 회랑은 명정전·문정전·숭문당과 함께 명정전 뒤의 외부 공간을 나누고 있다. 두 개로 나누어진 공간은 크기가 작고 건축물들로 싸여 있기 때문에 빛에 따라 큰 변화가 나타난다. 특히 문정전 측면에서 시작해 명정전 뒤로 이어져 빈양문까지 이어지는 회랑은 자체의 구성도 아름답지만 명정전과의 조화도 뛰어나 근정전과 인정전에서는 맛볼 수 없는 전혀 다른 입면과 공간 체험을 가능하게 해준다.

두 번째는 문정전 앞의 외부 공간 구성을 들 수 있다. 문정전은 편전으로 동향한 명정전과 직교해서 배치되어 있다. 문정전의 북서쪽은 숭문당이 막고 있으며 문정전 동쪽은 명정전의 측면에서 시작한 회랑이 담장을 형성하며 차단하고 있다. 문정전의 남쪽은 경사지이고, 햇빛을 많이 수용하기 위해 담장을 최대한 낮추었다. 그리고 북서쪽을 차단한 숭문당과 남쪽 담장 사이에는 담장으로 영역을 한정하지 않고 대나무와 소나무를 심었다. 수목으로 영역을 한정한 예인데 담장으로 영역을 한정한 것에 비해 훨씬 부

드럽다. 왕의 집무 영역인 편전을 높다란 담장이나 회랑으로 차단하지 않고 수목으로 경
계만 만든 것으로—물론 동궐도와 다르게 복원된 것이지만—막고 차단하기가 능사인
궁궐에서는 대담한 발상이자 수법 또한 뛰어나다. 담장과 건축물, 수목을 조합하여 영역
을 한정한 예로 밖에서뿐만 아니라 문정전 앞에 서서 보아도 시원스럽다.

경복궁 景福宮

엄격한 배치, 장중한 품격

| 소재 : 서울특별시 종로구 세종로 1 | 사적 제117호 |

경복궁은 태조 4년(1395)에 조선왕조 5대 궁궐 가운데 최초로 창건되었다. 선조 25년(1592) 임진왜란 때 소실되었고, 그 후 270여 년이 지나도록 방치되어 있었다. 고종 5년(1868)에 중건했으나 민비가 건청궁에서 일본 낭인들에게 시해되던 1895년까지 28년밖에 사용되지 못했다. 그 때문에 정궁이면서도 조선 519년 동안 그 반도 못되는 226년밖에 사용되지 않았다.

경복궁은 5대 궁궐 가운데 유일하게 정문·중문·정전·편전·침전으로 이어지는 정연한 축선을 갖는다. 이는 경복궁이 창덕궁이나 창경궁에 비해 비교적 평지에 가까운 부지 조건을 가진 이유가 크겠지만 정궁으로서 갖는 상징성과 품격을 고려한 배치로 보인다. 경복궁은 정문인 광화문, 중문인 홍례문, 정전인 근정전, 편전인 사정전, 왕의 침전인 강녕전, 왕비의 침전인 교태전을 축선상으로 잇고 있다.

이는 축선에 맞추어 건축물을 배치함으로써 조선의 통치 이념이 역으로 중문과 정문을 거쳐 도성의 백성들에게 왜곡되지 않고 잘 전달되기를 바라고, 더 나아가 남문인 숭례문을 통해 온 나라 백성들에게 잘 전달되기를 바라는 간절한 소망을 담고 있다. 또한 지세에 따라 자유로운 배치를 보이는 창덕궁과 정문과 정전을 축선상으로 잇고 있으나 규모가 작은 창경궁에 비해 정궁으로서의 엄격한 틀을 갖춤으로써 품격을 유지하려는 의도를 보인다.

근정문 돌계단의 석수. 공손하게 몸을 웅크린 모습으로 비늘과 갈기를 눈이 현란할 정도로 정교하게 새겼다.

앞면 펼침/ 회랑 안에서 본 근정전. 주산인 북악산, 우백호인 인왕산을 배경으로 정궁의 정전으로서의 위치를 확연하게 드러내고 있다. 뒤쪽으로는 배경이 없어 실제 크기에 비해 더욱 커 보인다. 또한 안은 트여 있지만 외관은 중층을 하고 있다. 정전으로서의 크기와 품격을 유지하려는 의도로 보인다. 이런 이유로 근정전의 내부 공간은 흐름이 있는 내부 공간이 아니라 볼륨만을 가지고 있는 내부 공간이다. 통상적으로 볼 수 있는 사찰의 법당과 같은 볼륨 위주의 건축 공간이다.

아래/ 회랑 밖에서 본 근정전. 회랑 밖으로 지붕만 드러난 모습으로 지붕이 인식의 부호로 쓰이고 있다. 담장이 선으로 영역을 구분하는 것에 비해 회랑은 체적으로 한정하여, 한정된 공간이 중요한 곳임을 암시한다.

옆면 위/ 근정전 우측면 하월대에서 바라본 이중 월대. 정면에는 한 개의 계단을 냈지만 우측면엔 두 개의 계단을 냈다. 월대란 건축물을 앉히기 위해서 마당보다 높은 인공의 마당을 만드는 것으로 건축물 스스로 자신의 영역을 확보하는 행위이다. 창덕궁 인정전과 창경궁 명정전 역시 2단으로 구성되어 있지만 높이와 면적, 석물의 양과 질에서 근정전이 단연 앞선다.

옆면 아래/ 근정전 정면 밑에서 본 이중 월대. 한눈에 쏙 들어오도록 짜임새가 정연하다. 불국사 석축을 보면서 항상 느끼는 느낌은 '돌잔치' 라는 생각이다. 그러나 경복궁 근정전에 와서 느끼는 느낌은 '돌나라' 라는 느낌이다. 바닥에서부터 이중 월대까지 온통 돌로 도배를 했다. 봐야 할 석물 또한 많아 석물을 제대로 보는 데만 상당히 많은 시간을 투자해야 한다.

위 왼쪽/ 월대 난간을 받치는 난간석. 국화 문양을 정교하게 새겼다.

위 오른쪽/ 상월대 계단의 소맷돌에 조각된 석수. 창경궁 명정전 정면 계단의 석수와 많이 닮아 있다. 표정이 온유하고 익살스럽다.

아래/ 근정전 우측면의 계단. 하월대와 상월대에 연달아 계단을 내고 난간기둥에 동물들을 정교하게 조각했다.

근정전 우측면의 상월대에서 바라본 석수들. 하월
대와 상월대의 계단 양 옆 난간기둥 위에 한 쌍씩
조각된 석수들은 모두 계단 중앙을 응시하고 있다.

옆면/ 근정전 정면 우측 모서리 하월대에 조각된
해태 가족. 모든 해태들이 근정전 정면 방향을
응시하고 있다. 근정전 월대의 우수함은 이와 같
은 석수들에 있다. 월대의 모서리와 계단 난간기
둥에 석수들을 새겨 밋밋함을 탈피하고 무한한
볼 거리를 제공하고 있다. 월대에 들인 공력이
근정전 전 영역에 들인 공력의 반에 해당한다.

아래/ 근정전 배면 우측 모서리에 조각된 해태
상. 정면과는 달리 난간기둥에만 해태가 조각되
어 있다.

오른쪽 위/ 근정전 정면 우측 모서리 하월대에
조각된 해태 가족. 아기 해태가 엄마 해태 품에
앙증맞게 안겨 있는 형상으로 어느 것이 암컷인
지 짐작할 수 있다.

오른쪽 가운데/ 근정전 정면 좌측 모서리 하월
대에 조각된 해태 가족. 아기 해태가 엄마 해태
의 옆구리를 파고드는 형상이다.

오른쪽 아래/ 근정전 정면 좌측 모서리 하월대
에 조각된 해태 가족을 위에서 본 모습. 평화로
운 가족상을 드러냄과 동시에 음양의 원리를 고
려한 듯 조각상들의 대부분이 쌍으로 조각되어
보는 이의 마음을 평안하게 해준다. 왕실의 행복
을 기원한 듯하다.

아래/ 근정전 정면 상월대 계단의 난간. 난간기둥 아래에 해태를, 난간기둥 위에는 동물들을 각각 조각했다. 건축물에 다양한 표정을 만드는 일로 근정전을 구경온 이들은 건축물 자체보다 석수에 더 많은 관심을 보인다.

옆면 위·아래/ 근정전 정면 계단의 난간기둥 밑에 조각된 해태. 정교하게 가다듬어 허투루 다룬 데가 없다. 빛을 효과적으로 수용했을 때 조형이 더욱 빛난다. 성품이 온화해 보이며 조용히 웃는 표정이다. 얼굴에 비해 큰 코도 재미있다. 단순한 조각에 그치지 않고 인격을 지닌 하나의 생물체처럼 느껴진다. 표정이 있어 가능한 일이다.

아래, 옆면/ 근정전 월대의 계단 난간기둥에는
많은 동물들이 조각되어 있다. 근정전 중앙 동서
남북으로 청룡, 백호, 주작, 현무(거북)가 조각되
어 있다. 그리고 나머지 난간기둥에는 쥐, 호랑
이, 토끼, 말, 양, 원숭이, 닭 등이 조각되어 있다.
이들 조각들은 난간기둥과 분리되어 있는 것이
아니라 기둥과 한몸으로 되어 있다.

뒷면 펼침/ 난간기둥의 석수 상세. 다들 우수하
지만 그 가운데 호랑이와 원숭이를 눈여겨볼 만
하다. 호랑이는 용맹한 기상이 넘쳐 바로 뛰쳐나
갈 듯한 형상이고, 잔뜩 웅크리고 있는 원숭이는
수심이 가득한 눈빛이다.

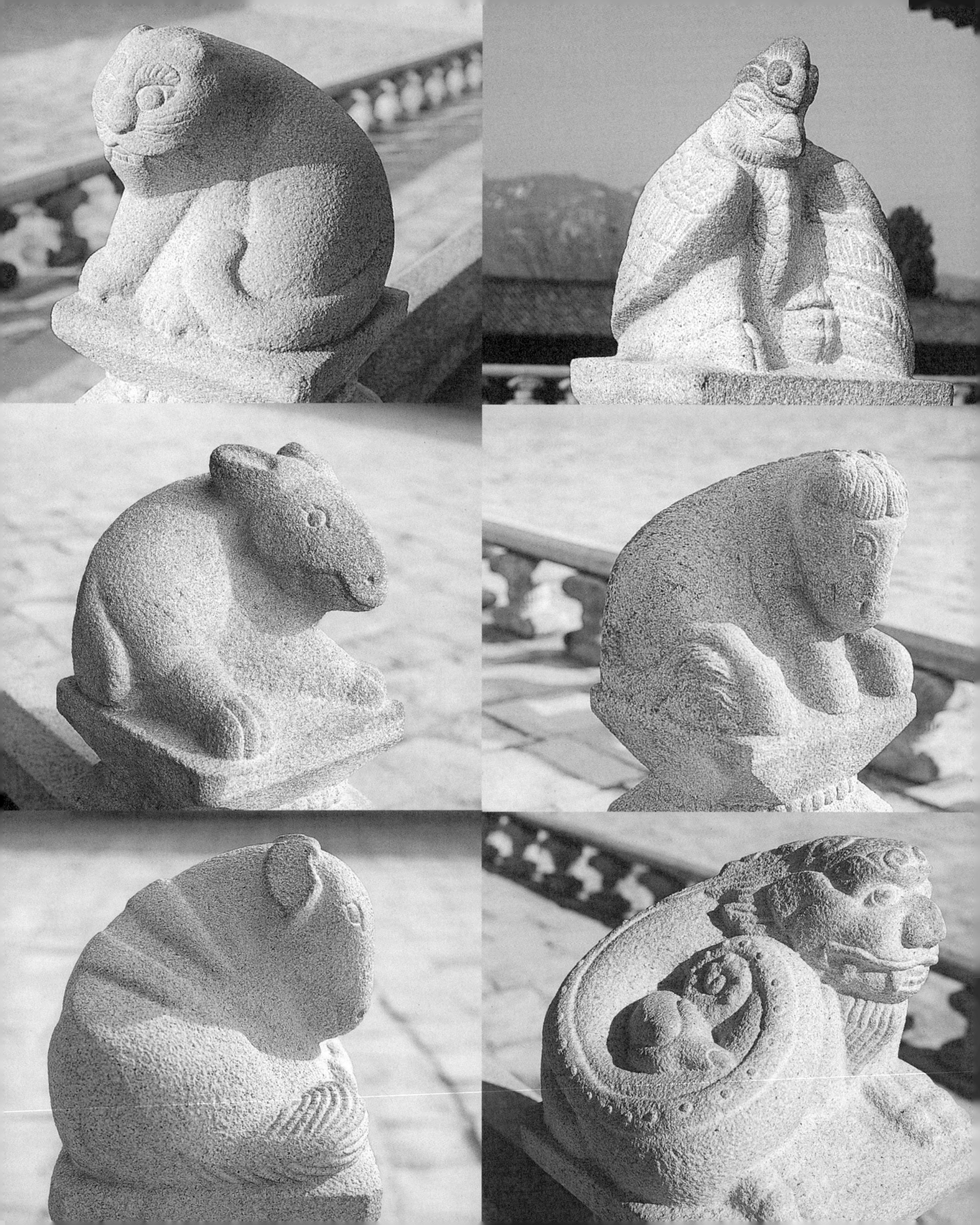

위/ 사정문의 주춧돌. 생긴 모양 그대로 가다듬
어 주춧돌을 만든 것으로 틀에 갇히지 않으려는
한국인 사고의 일면을 읽을 수 있다. 또한 표정
이 획일적이지 않고 풍부하며 자연스럽다.

아래/ 상월대 계단 중앙의 봉황 문양. 봉황은 태
평성대를 예고하는 상서로운 새로 여겨져 궁궐
문양에 많이 이용된다.

위/ 왕의 침전인 강녕전 앞쪽. 창덕궁 대조전, 창
경궁 통명전과 같이 전면에 조촐한 월대를 설치
해 나가고 들어갈 때 매개 공간으로 쓰거나 행사
때 대(臺)로 썼다. 정전의 월대가 이중으로 되어
있는 데 비해 침전의 월대는 한 단으로 건축물의
크기와 위계에 따른 결과이다.

아래/ 만춘전 배면. 굴뚝이 재미있게 조성되어
있다. 지붕 위까지 올라가지는 않았지만 굴뚝이
수직 악센트로 쓰인 예이다.

옆면/ 왕의 침전인 강녕전 옆에서 근정전 쪽을 바라본 모습. 정전·편전·침전을 축선상으로 배열하였기 때문에 정전인 근정전, 편전인 사정전, 침전인 강녕전의 중문이 순서대로 배열되어 지붕이 겹쳐지면서 나타난다.

아래/ 강녕전 대청의 정면을 바라본 모습. 기둥과 기둥 사이에 4짝의 여닫이문을 설치하고 그 위에 교창을 설치했다. 다른 침전인 교태전·자경전·희정당·대조전·통명전 등도 같은 형식을 따르고 있다. 건축물의 입면이 높은 데 반해 문짝의 크기는 한정되어 있어 위에 교창을 설치한 것이다.

위, 가운데, 아래/ 왕의 침전인 강녕전 영역의 건축물들. 건물과 건물 사이로 외부 공간이 흐르도록 구성되어 있다. 시선 또한 막힘 없이 흘러 시원스럽다. 목구조 특성상 한국의 고건축은 장방형 아니면 선형의 평면을 가질 수밖에 없다. 선형의 평면은 선형에 따라 자연스러운 외부 공간의 흐름이 생기지만, 장방형의 경우는 건축물이 한 채씩 앉혀질 때마다 그 사이사이로 외부 공간의 흐름이 생긴다.

위, 아래/ 자경전 옆에서 본 강녕전과 교태전의
외담. 최근에 복원된 것으로 왕과 왕비의 침전인
만큼 담장에는 여러 가지 길상 문양이 화려하다.

뒷면 펼침/ 강녕전 뒤의 외부 공간. 왕비의 침전
인 교태전으로 넘어가는 통로이다. 여러 채의 지
붕들이 겹쳐지면서 아름다운 장면을 연출하고
있다. 유려한 지붕선으로 인해 어우러졌을 때 더
욱 아름다운 우리 건축의 특징을 잘 보여 준다.
멀리 보이는 큰 지붕이 경회루이다.

아래/ 왕비의 침전인 교태전 뒤의 계단식 정원. 낙선재와 창덕궁 대조전의 후원에는 미치지 못하지만 십장생을 새긴 굴뚝이 있어 짜임새 있게 보인다. 아미산은 경회루 연못을 만들 때 파낸 흙으로 만들었다. 거의 평지에 가까운 경복궁 부지에서 교태전 뒤에 의도적으로 화계를 만들기 위한 조처이다.

오른쪽 위/ 강녕전 영역에서 볼 수 있는 지붕 그림자놀이. 지붕과 잡상들의 그림자가 담에 비치면서 재미있는 그림자놀이를 연출하고 있다. 물론 건축가가 의도한 것이 아닌 우연에 의한 것이지만 또 하나의 건축 체험이 될 수 있다.

오른쪽 아래/ 근정전 회랑 밖 영제교 옆의 석수. 잡귀를 막기 위해 설치한 것이다. 그러나 표정은 무섭거나 심각하지 않고 천진난만하다. 잡귀를 막는다는 상징적인 의미뿐만 아니라 관상용으로 만든 것이기 때문인데 보면 볼수록 재미있고 마음이 편안해진다.

아래 왼쪽 · 가운데 · 오른쪽/ 순서대로 천추전의 함실 아궁이, 교태전 뒤에 있는 우물, 강녕전 한편에 있는 우물.

옆면, 아래/ 경회루 전경. 옆면은 준설을 위해 물을 뺐을 때 모습으로 경회루 연못의 깊이를 짐작할 수 있다. 왕의 연회나 사신을 접대할 때 사용하였고 탁 트인 시야를 얻기 위해 1층에는 기다란 돌기둥과 계단만 설치했다. 2층에 올라야 비로소 시원한 조망을 얻는다. 동쪽으로 난 다리를 통해서만 출입이 가능한데 물로써 영역을 한정한 예이다.

왼쪽/ 경회루의 2층 내부. 누의 성격상 벽이 없고 문과 창도 없다. 시선이 막히지 않도록 다 비워 둔 것이다. 내부에 단을 설치하고 분합문을 달아 필요시에 공간을 폐쇄할 수 있도록 했다. 분합문을 들어올리면 바닥과 지붕만이 있을 뿐 벽이 없어, 막힘 없이 공간이 흐르도록 하였다.

왼쪽 아래/ 경회루의 내부 돌기둥. 하단만 방형일 뿐 그 위는 원형으로 되어 있다.

아래/ 경회루의 1층 돌기둥. 다듬어 길게 만든 통돌을 쓴 것으로 보기만 해도 시원하다. 기둥의 형태는 외곽은 방형이나 내부는 원형이다. 1층은 돌기둥을, 2층은 나무기둥을 사용했다.

아래, 옆면 위/ 자경전과 청연루. 자경전은 대원
군이 신정왕후 조대비를 위해 지은 침전으로 대
비의 침전인 자전을 왕비의 침전인 정전 동쪽에
배치하는 법도에 따라 교태전 동쪽에 배치했다.
건물 중앙에 돌출한 누마루는 좌측의 자경전과
우측의 협경당 영역을 자연스럽게 양분한다.

옆면 아래/ 자경전 마당의 석수.

위/ 자경전 동쪽에 설치한 전축문(塼築門). 화강
석과 전돌, 방전(方塼)을 이용해 만든 특이한 예
로 구성이 재미있다. 대문 지붕에 기와를 대신해
방전을 쓴 점도 이채롭다.

가운데 왼쪽·오른쪽/ 자경전 전축문 좌우에 설
치한 봉황 문양의 부조.

아래/ 교태전 옆의 자경전에는 꽃담이 설치되어
있다. 자경전이 가지는 또 다른 아름다움은 낙선
재와 더불어 가장 아름다운 꽃담을 가진 것이다.
낙선재의 꽃담이 기하학적인 문양으로 이룬 최
고의 것이라면 자경전의 꽃담은 실물을 형상화
한 것으로 최고이다.

옆면/ 자경전 꽃담 상세. 국화와 매화, 모란, 석
류, 대나무 등을 새기고 나비와 새, 달까지 새겼
다. 정교하고 아름다워 오랜 시간을 들여 감상할
만한 가치가 있다.

위/ 자경전 침전의 온돌방은 1칸을 기준으로 구획하는데 각 방들은 4짝 미세기문으로 막는다. 미세기문은 개폐 방식에 따라 공간의 가변성이 많이 생기는데 선형으로뿐만 아니라 사선 방향으로도 공간의 흐름이 생긴다. 침전 건축물에 공통적으로 나타나는 현상이다.

가운데/ 자경전 방의 창호 문양. 왼쪽은 앞툇간의 연결 복도 쪽이고 오른쪽은 아궁이가 있는 누마루 쪽이다. 앞툇간 쪽의 문은 덧문인 여닫이문까지 3짝, 누마루 쪽은 덧문인 여닫이문까지 2짝이 설치되어 있다. 창호의 문양을 각기 달리해서 바라본 모습으로 빛이 그린 그림이 각기 다르다. 기능을 떠나 창호의 문양이 다양하면 다양할수록 그만큼 그림의 선택 폭도 넓어진다.

아래/ 자경전의 누마루인 청연루 앞의 불발기문. 앞툇간의 연결 복도 앞에서 본 모습으로 창호지를 한쪽만 바른 불발기창을 통해 빛이 들어오고 있다.

위 왼쪽/ 자경전의 서쪽 끝 방에서 북쪽으로 난 방을 바라본 모습. 방과 방, 뒷툇간의 연결 복도, 방, 대청을 지나 또다시 방까지 이어지는 긴 공간의 흐름을 보여 주고 있다. 공간이 평면의 선형을 따라 길게 전개되고 있기 때문에 가능한 일이다.

위 오른쪽/ 자경전 북쪽 끝 방에서 대청을 지나 자경전 방을 바라본 모습. 평면의 선형을 따라 공간이 길게 전개되고 있다.

아래/ 자경전 북쪽 끝 방의 내부 모습. 노랑 장판 지로 바닥을, 하얀 벽지로 벽과 천장을 마감했는데 한국 고건축의 내부 공간은 이 두 가지 색으로 대별(大別)된다. 방안에서 하얀 벽지를 보고 있노라면 백색이 왜 한국의 색인가 하는 걸 쉽게 알 수 있다. 때만 타지 않으면 정갈하고, 빛의 조그만 변화도 그대로 수용해 반응하는 색이 백색이다. 창호지 또한 백색으로 빛의 농도 변화를 잘 수용하고 살의 문양을 그대로 반영하는 역할을 충실히 수행한다. 또한 나무의 고동색과도 잘 어울리는 색이 백색이다.

아래, 오른쪽/ 앞쪽에서 본 향원정. 왕실 후원의 정자로 인공으로 만든 연못 안에 석가산을 만들고 그 위에 2층의 정자를 만들었다. 다리를 통해야만 다닐 수 있는데 물로써 영역을 한정한 예이다. 휴식을 위한 후원의 정자인 만큼 최대한 화려하게 꾸몄다. 낙선재 상량전과 창덕궁 후원의 존덕정과 더불어 우리나라에서는 보기 드문 6각형 건물이다. 상량정이 1층에 돌기둥만 설치해 튼 데 비해 향원정은 1층을 막아 실로 꾸몄다.

맨 아래 왼쪽·오른쪽/ 향원정이 있는 향원지로 물이 유입되는 수구(水口)와 우물. 이 물은 향원지를 거쳐 경회루에 다다른다.

창경궁 昌慶宮

회랑으로 연출한 공간의 변화

| 소재 : 서울특별시 종로구 와룡동 2-71 | 사적 제123호 |

창경궁은 성종 15년(1484)에 세조 · 덕종 · 예종 등 세 분의 왕후를 모시기 위해 옛 수강궁(壽康宮) 터에 세운 궁으로 선조 25년(1592) 임진왜란 때 경복궁 · 창덕궁과 함께 소실되었던 것을 광해군 8년(1616)에 중건하였고, 순종 3년(1909) 일제가 창경궁 내에 박물관 · 동물원 · 식물원 등을 갖추어 창경원으로 격하시켰다. 광복 후에도 계속 창경원으로 불리다가 1983년 말에 '창경궁' 이라는 제 이름을 찾아 문을 열었고 1986년 예전의 중요 전각만 정비 · 복원되어 오늘에 이르고 있다.

창경궁의 영역은 크게 셋으로 구분할 수 있다. 명정전 · 문정전 · 숭문당을 중심으로 한 외전과 통명전 · 양화당 · 영춘헌 · 환경전 · 경춘전을 중심으로 한 내전, 그리고 풍기대가 설치된 야트막한 야산을 넘어 대 · 소 춘당지를 중심으로 한 왕실 정원이 그것이다. 창경궁 명정전은 왕궁의 정전으로서는 유일하게 동향(東向)하고 있다. 이는 왕이 아닌 대비의 처소로 조성된 궁궐이기 때문인데, 풍수지리상 동향하면 배산임수(背山臨水, 창덕궁과 접한 야트막한 야산을 등지고 대 · 소 춘당지에서 시작해 옥천교 밑으로 흐르는 물을 마주함)의 명당 조건을 갖출 수 있는 관계로 논란 끝에 택한 결과였다.

경복궁과 창덕궁에 비해 영역과 건축물의 규모는 작지만 회랑을 적극 도입함으로써 경복궁이나 창덕궁의 외전에 비해 활달하고 변화감 있는 건축 공간을 구성하고 있다. 경복궁이 근정전의 월대를 자랑하고, 창덕궁이 낙선재와 후원을 자랑한다면 창경궁은 외전 주위의 회랑을 떳떳하게 자랑할 수 있다.

위/ 창경궁의 정문인 홍화문의 주춧돌. 기둥을 주춧돌의 중심에서 벗어나게 앉혔다. 사람이 만든 인위적인 흔적을 지우려 한 의도로 자연스러운 맛을 낸다. 또한 획일성에 대한 반항이기도 하다.

가운데/ 창경궁 입구인 홍화문을 지나면 만나게 되는 옥천교의 석수. 어구(御構)로 스며드는 잡귀를 막기 위해 설치한 것이다. 다리가 아치형이라 두 팔을 쫙 벌리고 잡귀를 막고 있는 형상이다.

아래/ 옥천교 앞에서 바라본 명정문. 정문인 홍화문을 지나 중문인 명정문을 거쳐 명정전에 도달하기 위해서는 대·소춘당지에서 발원한 어구를 건너야 하는데 그 위에 옥천교를 놓아 지나도록 했다. 모든 궁궐에서 보여 주는 공통적인 현상으로 사찰에서 계곡을 건너 사찰 본당에 진입하는 것과 같은 것으로 어구를 건너 성역(聖域)인 정전 영역에 도달하도록 공간이 구성되어 있다.

가까이에서 본 명정전. 월대만 2단으로 되어 있을 뿐 건물의 크기는 소박하다. 경복궁의 근정전과 창덕궁의 인정전 외관이 중층으로 처리된 점과 비교된다.

위/ 바다에서 명정전으로 바로 연결되는 돌계
단. 이 돌계단의 묘미는 쌓아 생긴 구성미에 있
다. 쌓은 모습이 다르므로 한 단 한 단마다 서로
다른 표정을 하고 있다.

아래/ 정전인 명정전 주위로 회랑이 둘러져 있
다. 경복궁의 근정전, 창덕궁의 인정전과 같은
형식이다. 명정전은 동향, 문정전은 남향이라 서
로 직각으로 배치되어 있다. 명정전의 정면 지붕
과 문정전의 측면 지붕이 서로 춤추듯 호쾌하게
펼쳐져 있다.

위/ 명정전 앞의 석수. 표정이 밝고 눈썹을 구름처럼 처리하여 보는 이들의 마음을 밝게 해준다.

아래/ 명정전 앞의 석수와 봉황 문양. 명정전의 석물들은 경복궁 근정전에 비하면 약하지만 창덕궁 인정전에 비하면 강하다. 경복궁은 석수들이 많은데 비해 명정전의 석수들은 꼭 있어야 할 곳에만 있다. 경복궁 근정전처럼 월대의 난간이 없는 탓이다.

위/ 담장 밖에서 본 편전인 문정전 영역. 담장 대신 서쪽에 나무를 빽빽하게 심어 영역을 한정하고 있다. 수목으로 영역을 한정한 예로 보기에도 시원스럽다. 문정전에서의 시각적인 효과도 고려한 것이다. 조경이 고차원적으로 진행될수록 나무심기는 보는 것에 그치지 않고 공간만들기로 이어진다.

아래/ 회랑 밖에서 본 명정전과 문정전 지붕. 담 위로 지붕만 드러냄으로써 지붕을 건축에 대한 인식의 부호로 활용하고 있다.

위/ 문정전은 창경궁의 편전으로 측면까지 회랑
이 둘러져 있다.

아래/ 문정전 앞에서 본 숭문당 전경. 숭문당은
명정전, 문정전과 더불어 외전(外殿)을 구성하
고 있는 건축물이다. 경사지에 자리한 탓에 전면
에 장대석의 기둥을 주춧돌처럼 쓰고 있는데 전
면에 비워 둔 복도와 함께 입면을 시원스럽게 하
고 있다.

옆면/ 문정전과 숭문당 사이로 본 회랑. 건축물
높낮이의 변화와 원근에 의해 생긴 출렁이는 지
붕선이 회랑과 함께 잘 어우러져 있다.

옆면 위·가운데·아래, 아래/ 창경궁의 가장 큰
아름다움은 회랑이다. 명정전 앞에서 시작되는
회랑은 명정전 우측으로 이어져 명정전 뒤까지
연결된다. 경복궁 근정전과 창덕궁 인정전의 주
위에도 회랑이 있지만 명정전과 같은 다양한 변
화와 아름다움은 보여 주지 못하고 단순히 영역
한정과 동선으로 이용될 뿐이다. 창경궁의 회랑
은 건물과 건물을 연결해 줄 뿐만 아니라 외부 공
간을 한정하고, 다양한 공간 체험을 할 수 있도록
해주며 입면의 변화를 유도한다. 또한 시간 변화
에 따른 건축 체험을 풍부하게 해준다.

앞면 펼침/ 명정전 뒤의 회랑. 문정전, 명정전, 빈
양문, 숭문당을 이어주는 이 회랑은 높이를 달리
하여 입면의 변화를 꾀했다. 회랑 주위 건축물들
과 지붕의 높낮이를 달리하며 장관을 이루었다.

아래/ 빈양문을 통해 명정전 후원을 바라본 모
습. 명정전 앞에서 시작한 회랑의 끝은 빈양문이
다. 이 문을 나서면 왕비와 왕의 침전인 통명전
에 다다를 수 있다.

위/ 환경전과 경춘전 사이로 본 통명전. 통명전
이 왕의 침전인 관계로 그 앞에 나무를 심어 침
전으로 향하는 시선을 차단했다.

아래/ 통명전 앞쪽. 지존인 왕과 왕비의 침전이
라 궁궐 건물 가운데 유일하게 용마루가 없다.

창덕궁 昌德宮

가장 한국적인 아름다움

| 소재 : 서울특별시 종로구 와룡동 2-71 | 사적 제122호 |

창덕궁은 태종 5년(1405)에 이궁으로 건립되었으며 경복궁의 동쪽에 있다 하여 창경궁과 함께 동궐(東闕)이라 불린다. 창건 연대는 경복궁에 이어 두 번째로 선조 25년(1592) 임진왜란 때 경복궁, 창경궁과 함께 소실되었던 것을 선조 말년에 창덕궁 재건에 착수하여 1608년에 주요 전각을 복원하였다. 고종 5년(1868)에 경복궁을 중건하기까지 약 300여 년 동안 경복궁을 대신해 조선왕조의 정궁 역할을 했다.

창덕궁은 크게 네 개의 영역으로 나뉜다. 정전인 인정전과 편전인 선정전을 중심으로 한 외전(外殿), 침전인 대조전을 중심으로 한 내전(內殿), 왕의 연침으로 쓰였던 낙선재, 그리고 창덕궁의 후원(비원)이 그것이다. 경복궁이 평지에 가까운 부지에 자리한 때문에 정전·편전·침전으로 이어지는 정연한 축을 가지는 데 비해 창덕궁은 야산을 배경으로 전각들이 비교적 자유롭게 서에서 동으로 정전·편전·침전이 순서대로 나열되어 있다.

창덕궁은 조선의 5대 궁궐 가운데 가장 한국적인 궁궐이라는 평가를 받는다. 그러나 이러한 평가는 낙선재와 후원에 해당되는 평가이지 현재의 인정전·선정전·대조전을 중심으로 한 내·외전에서 그 맛을 직접적으로 느끼기는 힘들다. 단지 인정전 정면으로 잡지 않은 돈화문의 위치와 측면으로 보면서 진입하도록 되어 있는 금천교의 배치, 현재 복원 공사중인 인정문 앞의 틀어진 행각(行脚), 인정전에서 시작해 선정전, 대조전까지 끊이지 않고 이어지는 장대한 규모의 화계에서 어렴풋이 느낄 수 있을 뿐이다.

위 왼쪽/ 인정문의 석수. 창덕궁의 석물은 경복궁과 창경궁에 비해 양과 질에서 크게 떨어진다.

위 오른쪽/ 나뭇잎이 무성할 때 인정전과 회랑 사이의 틈새 공간을 바라본 모습. 나무가 크고 잎이 무성해 시각적으로 허전해 보이지는 않는다.

아래/ 인정전을 정면에서 본 모습. 인정전 뒤 우측으로는 선정전에 이르는 회랑이 둘러져 있으나 좌측은 석축과 담이 있을 뿐이다. 이러한 시각적인 허전함을 보완하기 위해서 좌측의 수목들이 더 울창하도록 꾸몄다. 인정전은 창덕궁의 정전으로 공식적인 행사가 이루어졌던 공간이었던 만큼 ㅁ자로 구획한 영역 안에 점을 찍듯 인정전 한 건물만이 자리하고 있다. 단순해 보이지만 그 단순함으로 인해 건축물이 돋보이도록 한 구성이다.

위 오른쪽/ 구 선원전에서 인정전 뒤의 야산으
로 연결되는 계단과 문.

위 왼쪽/ 선정전 뒤에서 본 경추문. 수라간으로
연결된다. 담장 너머가 대조전 영역이다.

아래/ 구 선원전 앞에서 본 인정전. 인정전 외관
이 2층인 관계로 지붕이 회랑 위로 우뚝 솟아 있
고 회랑 앞의 소나무들과 조화를 이룬 모습이다.
실제로 인정전은 인정전 영역 안에서 본 것보다
구 선원전 영역에서 본 모습이 더욱 아름답다.

위/ 희정당 복도의 창호 문양. 완자(卍字) 살 문양으로 눈이 어지러울 정도로 복잡하게 구성했다. 교창의 빗살 역시 완자 살을 틀어서 만든 것으로 그 감각이 놀랍다.

아래/ 희정당과 대조전을 이어주는 동쪽 연결 복도. 희정 당쪽에서 대조전 쪽을 바라본 모습으로 희정당과 대조전이 떨어진 거리만큼 길게 전개되고 있다. 집을 짓는다는 것이 외피를 막아 내부 공간을 쓰기 위한 것인 만큼 건축물 내부에서는 특히나 공간, 더 나아가 공간의 흐름에 '주목해야 한다. 희정당과 대조전을 잇는 이 연결 복도로 인해 희정당과 대조전의 내부 공간이 끊이지 않고 유기적으로 연결되어 강한 생명력을 갖는다.

위 왼쪽/ 경추문 앞에서 수라간 영역을 바라본 모습으로 왼쪽 건축물이 수라간이고 오른쪽 건축물이 융경헌의 배면이다. 앞에 난 중문을 들어서면 대조전 후원에 다다른다. 수라간과 융경헌이 선형으로 구성되어 있는 탓에 외부 공간 역시 길게 전개되고 있다.

위 오른쪽/ 대조전 수라간에 딸린 방의 내부. 큰 방 하나를 사등분(四等分)하여 미세기문을 달아 나누어 쓰다가, 문 전체를 떼면 본래 하나의 공간으로 돌아와 크게 쓸 수 있다. 문에 의해 공간이 나뉘고 합쳐지며 문에 의해 공간이 열리고 닫히는 걸 보여 주는 예로 건축에서 문의 중요성을 인식시켜 주고 있다.

아래/ 측면에서 본 대조전. 경복궁 강녕전, 창경궁 통명전과 마찬가지로 전면에 1단짜리 월대를 설치하여 들어가고 나갈 때 매개 공간으로 쓰고, 행사 때는 대(臺)로 활용했다.

위 왼쪽/ 침전인 대조전 뒤의 계단식 정원. 낙선재에 비하면 격이 떨어지지만 경복궁의 침전인 교태전, 창경궁의 침전인 통명전에 비하면 짜임새 있다. 대조전의 계단식 정원은 평면상 ㄷ자 형태로 대조전의 측면과 배면을 따라 외곽으로 형성되어 문을 열면 바로 바라볼 수 있도록 되어 있다.

위 오른쪽/ 대조전 뒤의 천정문. 계단을 특이하게 사선 방향으로 내고 양 옆으로 대나무를 심었다. 청전문을 지나면 대조전의 별원인 가정당 영역이 나온다. 가정당 영역 역시 담장으로 한정되어 있는데 담장을 넘으면 주합루 영역이 나온다.

아래/ 희정당 영역을 형성하는 담. 석축과 계단식으로 전개되는 담장의 조화가 놀랍다.

옆면/ 여춘문 앞에서 본 희정당 영역의 화계. 인정전 후원에서 시작된 화계는 여춘문 앞에서 끝나고 희정당 안에 별도로 조성되었다. 담장 너머가 내의원으로 쓰인 관물헌과 성정각 영역이다. 별도로 조성된 화계지만 담쟁이 넝쿨과 담장 너머의 나무로 인해 짜임새 있게 보인다.

아래/ 성정각 전경 모습. 내의원 건물로 그 이전에는 동궁의 경학 장소였다. 단층 건축물에 누마루를 결합한 독특한 형식을 취하고 있다. 누마루로 인해 변화감 있고 활달한 입면을 보여 준다.

맨 아래/ 관물헌 대청에서 성정각과 남행각을 바라본 모습. 대청 전면의 8짝 분합문을 걸쇠에 걸어 들어올리면 대청 앞쪽의 경치가 시원스럽게 들어온다. 대청 전면과 배면, 대청과 방 사이에 분합문을 설치하는 이유는 이처럼 공간 · 시선 · 바람이 앞뒤로 통하고 선형에 따라 공간에 긴 흐름이 생기도록 유도하기 위해서이다.

옆면 위/ 가정당 대청의 전면 12짝 분합문을 걸쇠에 걸어 들어올리고 바라본 모습. 시선이 막힘 없이 열리면서 전면에 조성된 수목들이 대청 안으로 빨려 들어오도록 공간이 구성되어 있다. 실로 장쾌한 공간 연출로 벽면 전체를 다 열 수 있는 분합문이 있어서 가능한 일이다.

옆면 아래/ 가정당 대청 전면의 12짝 분합문과 대청과 방 사이의 6짝 분합문을 열고 바라본 모습. 대청과 방의 문과 창을 열고 바라보면 파노라마처럼 사방의 자연이 건축물 안으로 빨려 들어온다. 벽을 대신해 문과 창이 자연을 막는 일시적인 칸막이 역할을 하기 때문에 가능한 일이다. 겨울에는 외기 차단을 위해 닫지만 여름에는 활짝 열어 공간·시선·바람이 사방으로 자연스럽게 통하도록 했다.

위/ 가정당 앞툇간에서 방쪽으로 난 문과 창을 다 열고 바라본 모습. 기둥과 기둥 사이 전체를 문과 창으로 구성한 탓에 열었을 경우 시선이 막힘 없이 흐른다. 자연을 향해 사방으로 열린 건축의 눈을 의미한다. 바닥과 벽, 지붕이 공간을 만드는 재료라면 문과 창은 공간을 열고 닫는 열쇠다.

아래/ 가정당 대청을 가로질러 맞은편 방 쪽을 바라본 모습. 대청 쪽으로 6짝 분합문이, 툇간쪽으로 2짝 여닫이문이 설치되어 있는데 기둥과 기둥 사이의 벽면 전체를 문이 다 차지하고 있다. 문이 벽이 되고 벽이 문이 되는 경우로 다 열었을 경우 건축물을 짓기 이전과 비슷한 상황이 된다. 한국 고건축에서 공간을 원래대로 환원하고, 공간의 가변성을 극대화시키기 위해 공통적으로 적용하는 수법이다.

위/ 후원으로 통하는 길. 담장과 수목이 조화롭게 어우러진 모습으로 우측 건춘문으로 들어서면 대조전 후원인 가정당 영역으로 통하도록 되어 있다.

가운데/ 부용지 옆에서 부용정을 바라본 모습. 연못을 향해 돌출해 연못 안에 돌기둥을 천연덕스럽게 담그고 있다. 주합루와 마주보도록 배치된 탓에 남쪽으로 언덕이 막고 있어서 햇빛이 거의 들지 않는다. 태양의 고도가 높아지는 여름에야 햇빛이 지붕 일부에 쪼일 뿐이다.

아래/ 부용지 옆에서 본 주합루와 어수문. 부용지를 중심으로 한 이곳은 창덕궁 후원 가운데 인공이 가장 많이 가미된 곳으로 이곳의 건축물 배치는 매우 상징적인 의미를 내포하고 있다. 임금과 신하의 만남에서부터 학습, 휴식과 놀이가 서로 연계되어 있다. 과거에 급제하면 영화당에서 임금과 만남이 이루어지며, 주합루에서 학습이 이루어지고, 부용정과 부용지에서 휴식과 놀이를 할 수 있도록 공간이 꾸며져 있다.

위/ 희우정을 아래에서 위로 올려본 모습. 희우정은 주합루 후원의 정자로 석축으로 부지를 조성해 건축물을 앉히고 통행로를 피해 건축물 전면에 한쪽으로 나무를 심었다. 주합루의 전체 영역을 한정하는 담장과 그 안팎으로 심어진 나무들로 인해 아래에서 위로 단계적으로 쌓은 인공 석축이 건축물과 함께 잘 어우러진다.

아래 왼쪽/ 부용정 옆에서 본 주합루. 주합루는 규장각의 서재로 남향의 양지바른 언덕에 위치하고 있어 최적의 지형적 조건을 갖추고 있다. 앞쪽으로 대조전 뒤의 언덕이 시선을 적당히 차단하고, 부용지와 부용정, 못 속의 인공 섬이 있어 후원 내에서 가장 경관이 빼어난 곳이다.

아래 오른쪽/ 주합루의 뒷마당. 주합루 뒤로 계단식 정원이 설치되어 있고 담 밖으로 수령이 오래된 나무가 보인다. 화계는 이처럼 내외전에 국한되지 않고 경사진 부지에 광범위하게 적용되고 있다. 주합루 앞쪽과 연경당의 선향재 뒤에도 화계가 조성되어 있다.

위/ 주합루 2층 복도에서 문과 문을 통해 주합루 배면에서 주합루 전면을
바라본 모습. 벽이 없고 문만 있는 탓에 문과 문의 열린 틈새로 시선이 관통
하여 흐른다.

아래/ 희우정 윗목에서 아랫목을 바라본 모습. 벽장을 위아래 이중으로 설
치한 예로 추사 김정희 선생 고택의 사랑방과 관물헌의 이중 벽장과 많이
비교된다. 등을 기댈 아랫목만 벽으로 막혀 있을 뿐 나머지 3면은 문으로
트여 있다. 문이 설치된 3면으로 자연을 최대한 끌어들이기 위한 배려다.

옆면 위/ 희우정 아랫목에서 윗목을 바라본 모습. 방과 방 사이를 막고 있
는 미세기문을 떼고 바라본 모습으로 자연이 방안으로 한눈에 들어온다.
아랫목을 제외한 외벽과 내벽 전체를 흙이 아닌 문으로 막고, 그 문을 여닫
이문이나 미세기문과 같은 적절한 형태의 문으로 구성했을 때 쉽게 이러한
효과를 거둘 수 있다. 자연 안에 인공의 건축물을 짓지만 자연을 차단하지
않고 방안으로 최대한 끌어들이기 위한 배려다.

옆면 아래/ 제월광풍관 아랫목에서 윗목을 바라본 모습. 방과 대청 사이의
문을 떼고 바라본 모습으로 대청 옆에 심은 대나무가 방안으로 한눈에 들
어온다.

낙선재 樂善齋

건축과 자연의 완벽한 조화

| 소재 : 서울특별시 종로구 와룡동 2-71 창덕궁 내 |

낙선재는 현존하는 살림집 가운데 최고다. 배치 및 공간구성, 입면, 조경, 담장 어느 것 하나 허투로 다룬 것이 없어 보면 볼수록 그 조화가 놀랍다. 낙선재는 헌종 때 새로 맞이한 후궁 경빈 김씨(慶嬪金氏)의 처소로 석복헌을, 왕 자신의 연침(燕寢:임금이 평상시에 거처하는 전각)으로 낙선재를, 수렴청정을 마친 순원왕후(純元王后)의 처소로 쓰기 위해 기존에 있던 수강재를 중수함으로써 완성되었다.

낙성재의 구성은 간단하다. 낙선재 · 석복헌 · 수강재를 서쪽에서 동쪽으로 나열하듯 배치하고 그뒤 구릉에 각각의 독립된 후원을 두었다. 다만 석복헌이나 수강재에 비해 낙선재는 담장이 있고, 영역이 더 세분화되어 있다는 것이 다를 뿐이다.

낙선재는 우리가 통상적으로 볼 수 있는 사대부의 살림집보다 크기가 크고, 격(格)이 높으며 정교하다. 그러나 낙선재에서 중요한 것은 집 자체보다 본채 뒤에 있는 야트막한 구릉을 이용한 후원의 조성 방법, 건축과 한몸이 된 조경에 있다. 위에서 아래로 조망할 수 있도록 후원의 언덕 위에는 정자를 겸한 집을 짓고 그곳까지 갈 수 있는 길 양 옆으로 화강석 계단을 만들고 화계를 꾸몄다. 그 계단식 정원에는 전돌로 쌓은 아름다운 굴뚝과 꽃, 나무를 심었다. 그리고 각각 후원의 경계를 이루는 꽃담을 구릉의 경사를 이용해 변화감 있게 쌓았다. 낙선재는 집뿐만 아니라 이러한 건축적 요소들이 어우러져 전체적으로 완벽에 가까운 소우주를 만들고 있다.

위/ 낙선재 입구에서 본 상량정. 주위를 수목으
로 교묘하게 감싸안은 형상이다. 낙선재 안팎에
나무를 교묘하게 심은 탓이다. 상량정은 왕의
서재로 언덕 위에 위치하고, 2층인 관계로 낙선
재의 전 영역을 시원스럽게 내려다볼 수 있다.

아래/ 낙선재 입구에서 본 승화루. 앞의 수목에
가려 지붕만 보인다. 지붕이 비와 눈, 외기(外氣)
를 차단하기도 하지만 인식이 부호로도 쓰임을
입증하는 사례이다.

위/ 낙선재 행랑채의 한 칸짜리 방의 내부. 외부
와 직접적으로 접하는 곳이므로 창을 높게 설치
해 외부로부터의 침입을 차단함과 동시에 벽면
의 수납 기능을 강화했다.

아래/ 낙선재 문간방의 창호 문양. 마루방의 창
호로 정자(井字) 살을 교묘히 응용해 문짝 위아
래로 마름모꼴 문양을 쌍으로 만들었다. 한국 고
건축의 창호는 살을 어떻게 배치하느냐에 따라
기기묘묘한 그림을 창과 문에 그렸다.

옆면/ 장락문 앞에서 본 상량정. 낙선재의 행랑
채와 누마루 사이에 교묘하게 배치해 전체적으
로 완벽한 구성을 보여 준다. 의도적인 것으로
건물간의 구성과 조화를 위해 그곳에 배치한 결
과이다.

闢國書佾懊儀

위/ 장락문 앞에서 본 승화루. 낙선재의 행랑채
와 누마루가 하부와 우측에 시각적 틀을 형성함
으로써 더욱 짜임새 있게 보인다.

가운데/ 사랑채인 낙선재와 안채인 석복헌 일
부. 낙선재와 석복헌의 경계를 이루는 담에는 육
각형의 거북등 문양이 정교하게 새겨져 있다. 중
간에 난 문을 통해 석복헌과 그 후원으로 들어설
수 있다. 또한 사랑채인 낙선재 후원과 상량정,
승화루까지 연결되고 수강재 후원의 취운정까
지 연결된다.

아래/ 낙선재 후원. 화강석으로 계단식 정원을
꾸미고 정성스럽게 꽃과 나무를 심고 괴석을 배
치했다. 좁은 공간에 자연을 그대로 옮겨 놓은
마음 쓰임새와 어우러짐이 놀랍다.

위/ 낙선재 후원에서 상량정으로 연결되는 계단. 뒤로 보이는 지붕이 안채인 석복헌 후원의 한정당인데 사랑채인 낙선재 쪽의 시선을 차단하기 위해 대나무를 빽빽하게 심었다.

아래/ 낙선재 후원 안쪽에서 입구 쪽을 바라본 모습. 멀리 보이는 건축물이 수강재 후원에 위치한 취운정이다.

위/ 낙선재 누마루 뒤의 방에서 후원의 화계를 바라본 모습. 앉아서 바라본 모습으로 화계의 설치 목적은 이처럼 자연을 방안으로 끌어들이기 위한 것이다.

아래 왼쪽/ 낙선재의 누마루에서 방 쪽을 바라본 모습. 방과 누마루 사이에 만월형(滿月形)의 문을 달았다. 문의 크기가 커 4짝 여닫이문을 단 것과 같은 효과로 방과 누마루가 서로 완전 소통된다. 옛 건축물 내부의 문으로는 가장 아름답다.

아래 가운데 · 오른쪽/ 낙선재의 대청을 가로질러 사랑방과 누마루를 바라본 모습. 대청을 가운데 두고 누마루와 사랑방 · 침방을 나눈 것으로 전형적인 공간 구성 방법이다. 선형 평면인 만큼 선형을 따라 공간이 길게 전개되고 있다.

옆면 위/ 낙선재 옆의 행랑채 안에서 바라본 사랑채 출입구인 장락문. 문틀과 벽이 하나의 틀을 형성하여 짜임새 있는 그림을 보여 준다.

옆면 아래/ 낙선재와 행랑채 사이로 본 장락문. 문을 열고 바라본 것과 똑같은 효과로 좌우의 건축물이 하나의 틀이 되어서 짜임새 있는 그림을 연출한다.

아래 왼쪽/ 낙선재 후원의 상량정 전경. 상량정은 왕의 서재로 쓰였던 건축물로 2층이 마룻바닥인 만큼 여름 독서 공간으로 활용되었을 것으로 추정된다. 건축물 앞에 놓인 돌의자는 건축물 안이 아닌 밖에서 자연을 온몸으로 느끼며 독서할 수 있도록 한 배려이다.

아래 오른쪽/ 승화루와 상량정의 경계를 이루는 담장. 승화루 앞에서 본 모습이다. 중간에 원형의 출입구를 내고 양쪽으로 미세기문을 달았다. 만월문(滿月門) 위로 상량정의 지붕이 겹쳐 한 몸처럼 보인다.

옆면 위 왼쪽/ 상량정과 한정당의 경계를 이루는 담장. 상량정 앞에서 본 모습으로 경사지를 이용해 계단식으로 구성한 담장이 일품이다.

옆면 위 오른쪽/ 승화루와 상량정의 경계를 이루는 담장은 위에서 아래로 계단을 이루며 다소 완만하게 전개된다. 승화루 영역은 낮은 석축을 6단으로 나누어 쌓았는데 마당 아래에서 올려다 보면 석축만 눈에 가득하다.

위 왼쪽·오른쪽/ 칠분서(七分序)에서 삼삼와
(三三窩), 승화루로 이어지는 내부 공간을 바라
본 모습. 건축물이 선형으로 전개되고 있는 탓에
내부 공간 역시 선형으로 길게 전개되고 있다.
평면의 선형을 따라 긴 내부 공간의 흐름이 생긴
예이다.

아래/ 상량전 옆의 승화루 전경. 전면으로는 야
트막한 언덕이, 동측면으로는 낙선재 영역이, 서
측면으로는 인정전 영역이, 배면엔 담장과 함께
창경궁 화계의 수목들이 자리하고 있다.

위/ 한정당 측면에서 상량정 쪽을 바라본 모습.
담에 난 문을 들어서면 상량정 영역이다. 한정당
앞쪽에 감상용으로 괴석을 배치했다. 탁 트인 조
망과 빛을 많이 얻으려고 앞쪽에 큰 나무를 심지
않았다.

아래/ 석복헌 후원의 화계에서 바라본 후원 전
경. 멀리 승화루, 상량정, 한정당이 순서대로 보
인다. 건축과 조경이 완벽하게 조화를 이룬 모습
으로 최상의 경지를 보여 준다. 창덕궁 대조전의
화계는 담장으로 막혀 시선이 자연스럽게 연결
되지 않고, 창경궁의 경우는 약간 거칠게 조성된
데 비해 낙선재의 화계는 석복헌과 수강재에 한
해서 담장으로 막혀 있지 않고 한정당과 취운정
에 이르는 시선이 시원하게 열려 있다. 낙선재의
화계가 창덕궁의 대조전이나 창경궁에 비해 성
공적일 수 있었던 이유이다.

오른쪽/ 안채인 석복헌 후원에서 바라본 취운정. 돌계단을 오르면 수강재의 후원에 있는 취운정에 이른다.

아래/ 석복헌 후원에서 수강재 후원의 취운정에 이르는 돌계단. 명확한 동선의 흐름을 보여 준다. 화계와 그 사이의 돌계단, 담장 사이에 난 문에 불과하지만 선계(仙界)에 이르는 통로처럼 느껴진다.

맨 아래/ 한정당의 뒷마당. 상량정 영역의 서고와 굴뚝, 담, 문, 수목이 잘 어우러져 있다. 한정당 뒷마당의 경우처럼 굴뚝은 종종 수직 악센트로 사용된다.

위/ 석복헌과 수강재 후원의 경계를 이루는 담장. 담장이 춤추듯 전개되고 있다. 경사를 따라 담장을 계단식으로 처리하면 이처럼 변화있는 구성을 연출할 수 있다. 간혹 경사를 따라 사선으로 처리한 담장을 볼 수 있는데 계단식 담장에 비해 재미가 덜하다.

아래 왼쪽/ 석복헌 앞의 행랑채 영역. 좌측에 난 문을 들어서면 안채인 석복헌에 이르고, 정면에 난 문을 들어서면 수강재에 이른다.

아래 오른쪽/ 석복헌에서 후원으로 나가는 통로. 뒤에 한정당의 일부가 보인다.

위/ 석복헌의 난간 상세. 왕과 후궁의 연침이었기에 정교하고 아름답게 꾸몄다.

아래/ 안마당에서 본 안채인 석복헌의 일부. 본채인 석복헌에서 부터 행랑으로 이어지고, 건축물의 높이가 낮아지며 위계를 달리하고 있다.

위/ 석복헌 외행랑의 내부 모습. 아랫목에 설치
한 간결한 벽장문과 다락문이 인상적이다. 외행
랑채인 만큼 외부로 향한 창을 높이 설치해 외부
로부터의 침입을 막고 동시에 벽면의 수납 기능
을 높였다.

가운데/ 석복헌 내행랑의 내부 모습. 방과 방 사
이에 대청을 설치해 여름 공간으로 같이 씀과 동
시에 방과 방의 경계로 삼고 있다. 석복헌의 평
면은 ㅁ자형으로 대청과 방 사이의 4짝 여닫이
문을 열고 보면 ㄴ자 형태의 긴 공간 흐름이 생
긴다.

아래/ 수강재 행랑의 내부 모습. 수납을 위해 아
랫목에 벽장과 다락을 설치했는데 간결하면서
도 균형잡힌 벽면 구성을 보여 주고 있다. 수납
을 위한 것이지만 실내 장식을 겸하고 있다.

위/ 수강재 행랑의 내부 모습. 안쪽의 미닫이문을 닫고 바라본 모습으로 외부의 조건에 따라 문에 쏟아지는 일사량이 달라지고 그로 인하여 창호의 표정이 달라진다. 빛을 효과적으로 수용하는 백색 창호지가 보여 주는 마술이다.

가운데/ 수강재에서 석복헌으로 이어지는 방과 연결 복도의 창호를 연결해서 바라본 모습. 햇빛이 비치는 방향에 따라 방뿐만 아니라 창호의 빛의 농도 역시 달라진다. 또한 평면을 따라 ㄴ자형의 긴 공간 흐름을 보여 주고 있다.

아래/ 석복헌 쪽에서 연결 통로를 통해 수강재 쪽을 바라본 모습. 낙선재와는 다르게 석복헌과 수강재는 건축물이 한몸으로 되어 있다. 후궁과 대비의 거처였던 만큼 서로 왕래할 수 있도록 공간 구성을 한 것이다.

위 왼쪽/ 취운정 뒷마당에서 한정당을 바라본 모습. 한정당의 배경이 되는 나무들은 창경궁 화계에 심어진 것들로 창경궁 쪽에서는 경춘전의 배경이 되지만 낙선재 쪽에서는 이처럼 한정당의 배경이 된다.

위 오른쪽/ 취운정 뒷마당의 굴뚝. 폐기와를 이용하여 만든 것으로 기와의 형상과 놓여진 위치에 따라 다양한 그림자를 만들고 있어 재미있다.

아래/ 수강재 후원의 취운정 앞에서 낙선재와 석복헌 후원 쪽을 바라본 모습. 멀리서부터 승화루, 상량정, 한정당이 순서대로 보인다. 적재적소에 나무를 심어 전 영역이 다 드러나지 않고 부분만 드러나 더욱 아름답다.

위/ 창경궁에서 본 취운정과 한정당.

아래/ 수강문 앞에서 본 수강재 외담. 담장이 만입된 부분으로 오르면 수강재 후원으로 직접 연결된다. 상량정과 한정당의 경계를 이루는 담장과 함께 우리나라에서 볼 수 있는 옛 담장으로는 최고의 것이다. 담장 너머가 창경궁이다.

연경당 演慶堂

물 흐르듯 자연스러운 공간

| 소재 : 서울특별시 종로구 와룡동 2-71 창덕궁 내 |

창덕궁 후원 안에 있는 건축물로 사대부의 살림집을 본떠 순조 때 지었다. 살림집이 99칸을 넘지 않는 규범에 따라 99칸으로 지었다.

연경당은 배치와 구성이 단순하고 명쾌하다. 전면(前面)에 대문간과 함께 행랑채를 두고, 대문을 들어서면 왼쪽에 안채로 통하는 평대문을 중문으로, 오른쪽에는 사랑채로 통하는 솟을대문을 중문으로 두었다. 안으로 들어서면 각기 독립된 각자의 영역을 만나는데 사랑채와 안채를 한몸으로 만들고 그 사이에 담장을 가로질러 바깥마당과 안마당을 만들었다. 담장 사이에는 앞뒤로 협문을 내 마당끼리 서로 소통할 수 있도록 하고, 전 영역을 일주할 수 있도록 만들었다. 안채에 부엌이 없어서 안채 뒤에는 반빗간이라는 별채를 두었고 사랑채에는 서재인 선향재와 연경당 전 영역을 내려다볼 수 있도록 한 칸짜리 정자인 농수정을 앉혔다.

사랑채와 안채는 각기 대청을 통해 앞마당과 뒷마당이 서로 통하도록 되어 있고, 안채와 사랑채 역시 안방 · 대청 · 건넌방 · 대청 · 침방으로 서로 연결되어 공간과 시선이 통하는 등 공간 환원을 적극적으로 시도했다. 서재인 선향재 역시 가운데 대청의 분합문을 들어 걸쇠에 걸면 공간이 서로 막힘 없이 통하여 앞마당과 뒷마당이 시각적으로 서로 연결된다.

위/ 바깥행랑채의 모습. 안채와 사랑채로 들어서기 이전의 공간으로 왼쪽으로 안채와 사랑채의 중문인 수인문과 장랑문이 자리하고 있다. 안채의 중문인 수인문은 평대문으로 솟을대문인 사랑채 중문, 곧 장랑문에 비해 다소 밋밋하다. 이러한 단조로움을 떨치기 위해 수인문 옆에 나무를 심어 입면상 변화를 꾀했다. 이 나무는 출입구에 대한 인식 부호 역할도 한다.

아래/ 연경당을 명당으로 꾸미기 위해 물줄기를 잡아 모퉁이를 돌아 집 앞으로 흐르도록 했다. 절에서처럼 물을 건너 집안으로 진입하도록 되어 있다.

위/ 연경당은 담장을 사이에 두고 사랑채와 안채로 나뉘어져 있다. 그 경계를 이루는 담장과 그 사이에 난 중문.

가운데/ 연경당의 안채. 사랑채의 평면이 일자형인 데 비해 안채는 끝이 꺾여 돌출되어 있다. 시선을 차단해 안채를 보다 폐쇄적으로 만들고 안채 앞에 또 하나의 외부 공간을 형성하기 위한 의도지만 돌출된 부위로 인해 사랑채보다 더 힘 있고 활달해 보인다.

아래/ 사랑채 전면. 사랑대청 앞에 하마석(下馬石)이 보인다. 대청을 중심으로 사랑방과 누마루로 공간이 나뉘어져 있다.

아래/ 서재인 선향재 뒤에 있는 농수정. 한 칸짜리 정자인 농수정은 연경당 내에서 가장 높은 곳에 위치해 있어 쉬면서 연경당 전 영역을 조망할 수 있도록 되어 있다. 부지의 경사를 효과적으로 이용한 예이다.

오른쪽 위에서부터/ 사랑대청에서 전면을 바라본 모습. 대청 전면을 막고 있던 8짝 분합문을 걸쇠에 걸어 들어올리고 바라본 모습으로 시선이 시원스럽게 열려 있다. 대청 전면을 막던 벽은 일시에 없어지고 대청과 앞마당, 뒷마당과 앞마당이 서로 통한다.

사랑채의 사랑방과 대청 사이에 설치된 6짝 여닫이문. 분합문으로 기둥과 기둥 사이를 막아 벽처럼 보이지만 들쇠에 걸어 들어올리면 이내 벽은 없어져 서로 통하게 된다. 문 가운데 8각형의 불발기창을 설치했다.

사랑채의 사랑방을 통해 침방을 바라본 모습. 외벽에 설치한 여닫이문과 미닫이문을 열고, 방과 방 사이를 막고 있는 미세기문을 열었을 때 내부 공간은 외부 공간과 쉽게 통하고, 내부 공간은 인접한 내부 공간으로 끊임없이 연결된다. 선형 평면만이 가질 수 있는 장점 중의 하나로 끊임없이 흐르고 통하는 공간의 속성을 보여 주고 있다.

사랑채의 침방에서 안채의 안방 쪽을 바라본 모습. 선형 평면인 만큼 선형을 따라 긴 공간의 흐름이 생긴다. 문을 닫으면 차단되지만 문을 열면 막힘없이 통하는 한국 고건축의 특징을 보여 주는 것으로 공간 환원의 대표적인 예이다.

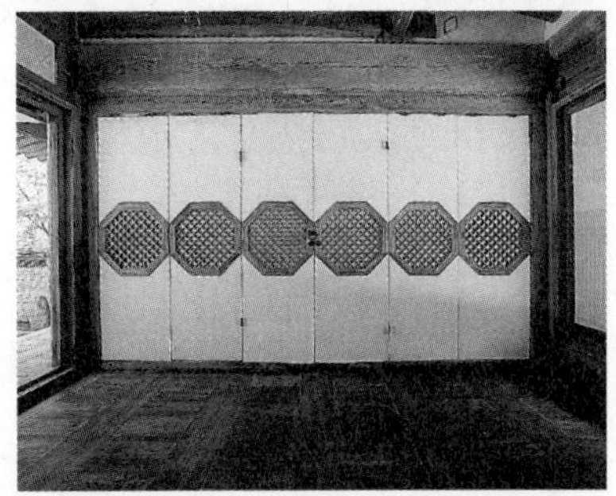

종묘 宗廟

간결한 형식, 엄격한 얼굴, 무한한 변화

| 소재 : 서울특별시 종로구 훈정동 1-2 | 사적 제125호 |

종묘 건축은 간단해 보인다. 산 자가 아닌 죽은 선왕들을 위한 건축 공간이기 때문이다. 그러나 한 나라의 근간을 세우는 일인 만큼 결코 단순하게 조영되지 않았다. 얼른 보면 구성도 단순하고 극도로 절제되어 있어 볼 거리가 없어 보이지만 보면 볼수록 아름답고 많은 변화를 담고 있다.

정전과 영녕전, 기타 부속 건축물을 앉힐 부분의 수목만 제거하고 정전과 영녕전의 경우 담장을 두르고 동서남 세 방향으로 문을 냈다. 남문인 신문으로는 선왕이신 신들이 통하고, 동문으로는 초헌관인 왕과 제관들, 서문으로는 악공들과 종사관들이 출입한다. 자연의 바닥과 경계를 두기 위해 월대를 상하로 두르고, 최종적으로 기단을 설치해 건축물을 앉혔다. 건축물은 신실, 협실, 월랑으로 이어지게 구성하고, 평면을 ㄷ자로 만드는 꺾어진 월랑으로 인해 신실이 감싸여 보호받고, 동월랑은 동문으로부터의 원활한 동선을 위해 비워 둔다. 건축물 전면은 툇간으로 구성해 신과 인간이 만나는 장소로 쓰고, 드리워진 그늘 때문에 무거운 인상을 줘 입면을 장중하게 보이도록 한다.

정전에는 나라에 공덕이 많은 왕과 왕비의 신위 49위를 모시고, 영녕전에는 정전에서 제외된 왕과 왕비 및 추존된 왕과 왕비의 신위 33위를 모신다. 또한 정전 남쪽에 공산당을 마련해 공덕이 많은 산하의 신위 83위를 모신다. 종묘 영역의 안팎을 잇기 위해 남쪽에 문을 내고 문부터 이어지는 신로를 낸다. 신로는 박석을 깔아 세 줄로 만들고 남문 쪽에서 보았을 때 가운데는 신향로, 오른쪽은 어로, 왼쪽은 세자로로 쓴다. 이 길은 어숙실 · 정전 · 영녕전으로 이어져 제례 때 신들의 출입 동선으로 씀과 동시에 제례를 위한 임금과 세자의 통행로로 쓴다.

정전의 남쪽에서 본 신문(神門). 신문 뒤로 정전
의 모습이 기다랗게 펼쳐져 있다. 종묘가 선왕들
의 위패를 모시고 제사를 지내는 곳인 만큼 신들
을 위한 별도의 문 곧 신문을 마련했다.

왼쪽/ 신문 안에서 본 정전의 모습. 왕과 왕비의 신위를 모시는 기능상 건물의 입면이 길다. 정전의 중앙으로 난 신도(神道)는 신만이 다닐 수 있는 길이다.

아래/ 종묘 정전의 특징은 신실에서 협실, 협실에서 월랑으로 지붕 높이가 내려가면서 입면상의 위계를 뚜렷이 하는 데 있다. 협실과 월랑은 위계가 낮은 탓에 신실에 비해 바닥 레벨이 낮다. 이런 탓에 월랑에서 협실, 협실에서 신실로 오르기 위해서는 계단을 오르도록 되어 있다.

위/ 하월대 밑에서 본 정전의 동월랑. 일직선으로 전개되다가 신실에서 협실로, 협실에서 동월랑으로 지붕 입면이 낮아지면서 앞으로 돌출한 형상이다. 동월랑은 비어 있어서 막혀 있는 서월랑에 비해 역동적이다.

아래 왼쪽·오른쪽/ 상월대 위에서 본 정전의 협실과 월랑. 신실에서 협실, 협실에서 월랑으로의 건축의 위계 변화가 뚜렷이 나타난다. 동월랑은 제례 준비를 위한 동선으로 활용하기 위해 비워 둔 반면 서월랑은 막아서 여러 기물을 보관하는 용도로 쓰고 있다.

정전의 회랑. 건물 길이가 긴 만큼 회랑 역시 엄
청나게 길다. 제례 때 동선으로 활용함과 동시에
산 자와 죽은 자의 경계가 되는 곳이다. 건축적
으로는 그늘을 만들어 어두우면서 장엄한 분위
기의 입면을 만든다.

위/ 동문은 제관이나 제례관이 출입하는 곳이
다. 동문으로부터 제관이나 제례관의 동선을 따
라 방전(方塼)을 깔았다. 바닥재의 재질을 다르
게 함으로써 동선을 유도한 예이다.

가운데, 아래/ 정전의 담장과 뒷면의 석축, 월대
와 정전의 측면에 의해 만들어진 외부 공간. 돌
로 만든 인위적인 시설물인 월대와 자연 그대로
의 잔디를 강하게 대비시켜 위계가 다른 공간임
을 암시하고 있다.

위/ 동문과 만나는 정전의 동월랑 계단. 소맷돌을 구름 모양으로 다듬어 정전에 모신 왕과 왕비들이 천상(天上)에 계심을 상징적으로 보여 준다. 하나의 장식에 불과하나 인간의 상상력을 자극함으로써 건축의 의미를 재인식시킨다.

가운데/ 정전의 정면 계단 소맷돌 상세. 소맷돌 끝에 태극 무늬가 새겨져 있다.

아래 왼쪽/ 정전의 상월대석. 돌과 돌이 만나는 모서리를 정교하게 둥글렸다.

아래 오른쪽/ 정전의 수집구(水集口). 건축물만큼이나 투박하면서도 힘이 넘친다. 전체에서 부분에 이르기까지 디자인이 통일되어 있다.

위 왼쪽 · 오른쪽/ 정전의 동문과 서문. 통상적인 문은 사랑의 출입을 위해 낸다. 이런 이유로 담장 위로 치솟아 자신의 존재를 알려서 사람들을 유도한다. 동문은 3칸이나 서문은 1칸으로 제관들이 출입하던 동문이 악공들이 출입하던 서문에 비해 위계가 높게 조성되어 있다.

가운데 왼쪽 · 오른쪽/ 정전의 동쪽과 서쪽 담. 석축과 담 하부는 돌로 쌓고 담 상부는 전돌로 쌓았다. 경사지의 담장을 계단식으로 쌓은 것으로 변화 있는 담장 구성을 보여 주고 있다.

아래 왼쪽 · 오른쪽/ 정전의 담장 수구(水口). 담장 밑의 수구 역시 획일적으로 조성하지 않고 각기 다르게 조형함으로써 서로 다른 표정을 가지고 있다.

위/ 정전 옆의 전사청(典祀廳). 제례 때 쓰는 제물과 제기를 보관하는 곳으로 한글의 자음 ㄷ과 한글의 모음 ㅣ가 결합해 독특한 튼 ㅁ자 배치를 하고 있다. 튼 ㅁ자 배치로는 보기 드문 것이다.

가운데/ 어숙실에서 정전의 동문으로, 정전의 동문에서 어숙실로 이어지는 어도(御道)를 바라본 모습. 제사 준비를 마친 임금이나 임금을 대신한 제관만이 다닐 수 있는 길로 신로와 차별을 두어 길 위에 방전을 깔았다. 어도였던 만큼 길 양 옆으로 수목이 잘 정리되어 있어 정연한 느낌이다.

아래/ 전사청 앞에서 본 정전의 동측면. 좌측으로 평삼문(平三門)으로 조성된 동문과 우측으로 제사를 담당하는 노비와 관원들의 거처로 쓰인 수복방이 보이고 담장 너머로 정전이 보인다. 정전의 동문은 신들의 출입문인 신문 다음으로 중요한 문으로 공간 구성이 더욱 치밀하게 되어 있다.

위/ 신문 앞에서 본 영녕전의 모습. 영녕전은 정전에 비해 규모가 작고 건물의 길이 역시 짧다. 정전에 비해 공덕이 적은 신위를 모신 탓에 건축물 및 영역 자체로도 정전에 비해 위계가 낮다.

아래/ 서문 앞에서 본 영녕전 전경. 영녕전은 정전과는 다르게 협실이 없고 신실과 월랑으로만 구성되어 있다. 입면이 높은 중앙의 4칸은 태조 이성계의 4대조 신위를 모신 곳으로 다른 신실에 비해 높게 조성되었다. 그러나 전체적으로 정전과 동일하게 신실에서 월랑, 월랑에서 동문으로 건축물의 위계가 낮아지는 입면 구성을 보여 준다.

위/ 영녕전 주변의 수림대. 경사가 완만한 야산에서 정전과 영녕전, 그외 부속 건축물을 앉힐 자리와 사람의 통행로 자리만 벌목해 부지를 조성한 탓에 그 이외의 자리는 자연 그대로 있다. 남쪽의 수림대는 조산(造山)했다고 전해지는데 이 숲들은 정전과 영녕전이 외부와 적정거리를 유지하면서 신성함을 확보하는 역할을 하고 있다. 종묘의 수림은 신림(神林)인 것이다.

아래/ 남문인 신문 앞에서 본 영녕전. 정전과는 다르게 신실 옆에 협실이 없고 중앙의 4칸을 좌우보다 높여 태조 이성계의 4대조 신위를 모셨다. 마당을 꽉 채운 이중 월대의 선과 상하로 생긴 두 개의 지붕선으로 인해 전체적으로 강한 선형 구성을 하고 있다. 앞뒷간의 회랑 부분은 그늘로 인한 어둠이 강해 장중한 분위기를 연출하고 있다. 영녕전의 배면 역시 정전과 똑같이 수림대가 형성되어 있어 신전을 외호(外護)하고 있는 형국이다.

위/ 정전의 정면에는 다섯 개의 계단이 있어 신실이 있는 상월대로 세 개, 협실이 있는 상월대로 두 개가 나 있다. 이에 비해 영녕전도 정면으로 계단이 나 있으나 협실이 없고 신실의 칸수가 정전에 비해 적은 탓에 태조의 4대조를 모신 중앙으로 세 개의 계단을 배치하고, 좌우로 하나씩 계단을 배치했다.

아래/ 영녕전 배면의 석축과 담장. 석축을 2단으로 나누어 쌓아 정전에 비해 훨씬 화계에 가까운 구성을 보여 주고 있으나 정전과 마찬가지로 조촐하게 잔디만 심었다.

위 왼쪽·오른쪽/ 영녕전 동·서월랑의 주춧돌
들. 상월대의 기단석을 주춧돌로 사용한 예로 기
둥 중심이 주춧돌 외곽으로 빠져 있다.

가운데 왼쪽/ 영녕전 회랑 기둥의 주춧돌. 방형
의 주좌(柱座) 위에 원형으로 주춧돌을 다듬었
는데 인공의 흔적을 남기지 않기 위해 일부러 면
(面)을 거칠게 가다듬어 울퉁불퉁하다.

가운데 오른쪽/ 영녕전 신문의 주춧돌. 의도적
으로 기둥을 주춧돌의 중심에 맞추지 않았다. 인
공의 흔적을 남기지 않고 자연스러운 느낌을 주
기 위한 의도이다.

아래 왼쪽/ 영녕전 하월대의 기단석 끝을 다듬
지 않아 자연스러운 느낌을 준다.

아래 오른쪽/ 영녕전 외담. 담장 모서리의 돌쌓
기는 구조적인 안정감과 더불어 변화와 재미를
위한 것이다. 한 번이라도 더 눈길을 받는 건축
이 되기 위해서는 이처럼 세세한 부분에까지 공
을 들여야 한다.

임해전지 臨海殿址

바다를 옮겨 온 조경술의 극치

| 소재 : 경상북도 경주시 인왕동 26 | 사적 제18호 |

임해전지는 문무왕 19년(679) 왕궁 안에 만들어 놓은 안압지(雁鴨池) 바로 서편에 세운 동궁의 정전 자리를 말한다. 임해전지의 가치는 신라인들의 뛰어난 조경술을 볼 수 있다는 데 있다. 또한 조선시대의 궁궐밖에 볼 수 없는 우리에게 통일신라시대의 복원된 궁궐과 궁궐 터나마 살펴볼 수 있다는 데에 그 의의가 크다.

임해전지는 배치도를 놓고 보면 조경이 집중되어 있는 안압지의 동북쪽 호안은 우리나라 해안의 일부를 따온 듯하다. 그리고 연못 안 세 개의 석가산은 해안 주변의 크고 작은 섬들을 옮겨 놓은 듯하다. 신라인들이 궁궐의 이름을 임해전(臨海殿), 즉 바다에 접한 궁궐이라 붙인 데서도 조성의 의도를 알 수 있다. 해안에 접해 바다와 바다 가운데 떠 있는 섬을 보고 즐길 수 있도록 동궁을 조영한 것으로 신라인들의 뛰어난 상상력을 엿볼 수 있다.

안압지는 동북쪽 호안은 만곡이 심한 자유곡선으로, 서남쪽 호안은 직선으로 조영하였다. 조경이 집중되어 있는 동북 호안은 자유곡선을 취했지만 전각들이 위치한 서남 호안은 직선을 취함으로써 자연과 인공을 강하게 대비시켜 놓았다. 전체를 자유곡선으로 하거나 직선으로 처리함으로써 느낄 수 있는 단조로움을 탈피하기 위한 의도로 보인다. 또한 동북 호안뿐만 아니라 서남 호안도 연못을 향해 돌출시킴으로써 물에 한 발짝 더 다가간 듯한 느낌을 주고 있는데, 이는 자연에 더 가깝게 가고자 하는 신라인들의 의지를 담고 있다.

위/ 연못을 향해 석축을 돌출시켜 쌓고 건축물
을 앉혔다. 이는 조금이라도 더 자연에 가까이
가기 위한 의도이다.

아래/ 연못 안에 세 개의 석가산을 꾸미고 남서
쪽에 건축물을 앉혀 감상할 수 있도록 했다. 북
서쪽 호안은 자연 곡선을, 건축물이 있는 남서쪽
호안은 직선을 택해 자연과 인공을 강하게 대비
시켰다.

위, 아래/ 건축물은 나무와 어우러졌을 때 가장
아름답다. 일부를 적절히 가렸을 때 그 효과는 증
폭된다. 일반적으로 건축물이 빼어나면 건축물
로 향하는 시선을 차단하지 않으려 앞에 나무를
심지 않는다. 역으로 건축물의 질이 조금 떨어지
면 그 약점을 보완하기 위하여 나무를 심는다.

위/ 서쪽 석축 위의 건축물에서 동쪽 호안을 내려다본 모습. 건축물이 있는 서쪽 석축을 높이 쌓아 동쪽의 조경을 자연스럽게 내려다볼 수 있도록 했다. 중국의 무산 12봉을 본떠 만든 것으로 알려진 임해전지는 복원할 때 키 큰 나무들을 심어 자체 봉우리도 감상할 수 없을 뿐더러 배경이 되는 산세도 나무들에 가려진 상태이다.

아래/ 북쪽 끝에 있는 석가산을 통해 본 석축 위의 건축물. 북쪽 호안과 석가산의 자유선이 석축의 직선과 강한 대비를 이룬다.

동쪽 호안에서 바라본 서쪽 호안의 건축물들. 현재 복원된 건축물은 세 동으로 모두 호안에서 돌출해 있다. 이는 자연에 가까이 가기 위한 의지를 반영한 것으로 동쪽 호안이 낮기 때문에 수려한 지붕선들이 명쾌하게 드러난다. 또한 물은 그 자체로 훌륭한 조경으로 쓰이고 있다. 상(像)을 반영하는 것으로 물에 비친 건축물을 보는 것은 또 하나의 건축 체험이 된다.

연못을 향해 돌출한 호안 끝에 놓인 돌의자. 자
연을 감상하며 사색할 수 있도록 한 배려다.

성곽

성곽은 살림집이나 기타 건축물들의 담장과 기능이 비슷하다. 영역을 한정하고 성안의 백성들을 보호한다. 다른 점이 있다면 적극적인 방어 개념이 도입되었다는 점이다. 단순한 보호의 차원이 아닌 방어의 개념을 적극 도입함으로써 더 튼튼하게 쌓고 더 높이 쌓고 옹성(甕城)·치성(稚城)·포루(砲樓)·포루(鋪樓)·여장(女墻)·총안(銃眼)·누조(漏槽) 등을 성문 앞과 성벽에 설치해 공격하는 적을 퇴치(退治)할 수 있도록 했다.

우리나라의 성곽은 크게 네 가지 유형으로 나눌 수 있다. 도성(都城)과 읍성(邑城), 산성(山城), 장성(長城)이 그것이다. 도성과 읍성은 수도와 읍을 방어하기 위해 외곽을 두른 성곽을 말한다. 산성은 말 그대로 산에 위치한 성으로 전란시 도성을 일시적으로 떠나 피난과 방어를 겸한 용도로 쓰이고, 장성은 외적의 침입을 막기 위해 변방에 쌓은 성을 말한다. 이름이야 다 다르지만 궁극적인 목적은 도성민과 읍성민 및 백성을 보호하고 방어하는 데 있다.

성곽은 그 구성이 간단하다. 원하는 길이의 성벽을 두르고 소통할 수 있도록 동서남북 네 방향으로 성문을 내는데 보통 남문이 주 출입문이 된다. 주 출입문의 누(樓)는 중층(重層)으로, 그렇지 않은 문은 단층(單層)으로 누를 구성한다. 도성인 한성(漢城)의 경우 남문인 숭례문과 동문인 흥인지문은 중층으로, 서문인 돈의문과 4소문(四小門)은 단층으로, 북문인 숙정문은 암문(暗門)으로 누를 구성하지 않았다. 수원 화성 역시 남문인 팔달문과 북문인 장안문은 중층으로, 동문인 창룡문과 서문인 화서문은 단층으로 누를 구성했다. 도(都)나 읍(邑)의 첫인상을 결정짓는 것이 누이므로—살림집으로 말하자면 대문에 해당—세심한 배려와 공력을 필요로 했고, 방향이나 출입 동선의 중요성에 따라 누의 위계가 결정났다.

도성인 한성의 경우 남문인 숭례문이 도성의 주 출입구였던 만큼 누를 중층으로 구성했고, 동문인 흥인지문의 경우 약한 지세를 북돋우려는 의도에서 누를 중층으로 구성했다. 다른 3대문 4소문의 이름이 다 3자인 데 비해 동문의 이름을 4자로 지은 것 역시 약한 지세를 북돋우려는 의도에서였다. 화성의 경우도 역시 남문이 읍성의 주 출입구인 만큼 누를 중층으로 구성했고, 화성 안에서 도성 방향으로 난 북문의 방향을 중요시하여 북문인 장안문의 누를 중층으로 구성했다. 도성인 한양성의 북문 숙정문을 암문으로 처리한 것과 대조를 이룬다. 특이한 것은 전국의 모든 읍성들의 누가 단층으로 구성되었는 데 반해 화성의 경우는 남문과 북문을 중층으로 구성했다는 점인데, 이는 정조가 당시 집권 세력인 벽파 세력을 약화시키기 위해 도읍 천도까지 고려해 축성한 것이 아닌가 하고 추측된다. 실제로 화성의 남문인 팔달문과 북문인 장안문은 한성의 남문인 숭례문과 거의 같은 규모이고, 앞에 있는 옹성으로 인해 더 웅장해 보이기까지 해 그런 추측을 가능하게 한다.

성곽은 구성이 간단한 만큼 볼 거리가 그다지 많지 않다. 방어시설을 완벽하게 갖춘 화성은 극히 예외지만 보통의 성곽들은 성문과 성벽이 볼 거리의 전부이다. 산성의 경우는 성곽 주위의 자연을 감상하러 간다는 표현이 맞을 것이다. 성벽 안팎으로 나누어 성벽을 따라 계속해서 걸으며 감상할 수밖에 없는데 특히 성벽 하부를 형성하는 화강석이 연출하는 구성이 흥미롭다. 아래에서 위로 각기 생김이 다른 돌들을 차곡차곡 쌓아서 만든 성곽 하부는 돌이 쌓이면서 만든 구성미가 일품이다. 몬드리안 이전의 몬드리안을 보는 듯한 느낌이 드는 것이다.

수원 화성 水原 華城

과학과 효심이 탄생시킨 최고의 예술품

| 소재 : 경기도 수원시 연무동 190 | 사적 제3호 |

화성은 정조의 효심과 정약용이라는 희대의 천재가 탄생시킨 조선 후기 성곽 건축의 최고 걸작이다. 영조에 이어 즉위한 정조는 뒤주에서 죽은 아버지 사도세자의 묘를 당대 최고의 명당인 구 수원읍의 주산인 화산(花山)으로 옮기면서 주민들을 이주시켰다. 그 과정에서 읍민들을 보호할 성곽의 필요성이 제기됨에 따라 정약용에게 화성을 축성토록 명했다.

정약용은 실학자들의 주장과 『징비록』에서 언급한 우리나라 성제(城制)의 문제점을 보완해 읍성에 방어 개념을 적극 도입한 새로운 유형의 성을 계획했다. 대표적인 예로 성문 앞에 옹성(甕城)을 달아 성문을 이중으로 보호케 하고, 성곽에 치성(稚城)을 설치해 접근하는 적을 돌출한 측면에서 공격할 수 있도록 했다. 또한 몸을 가리고 적을 쉽게 공격할 수 있도록 성벽 위의 여장(女牆)을 충분한 높이로 쌓고, 포루(砲樓)와 포루(鋪樓) 위에 건축물을 앉혀 적에게 위치를 알리지 않고 공격할 수 있도록 했다. 수어장대와는 별도로 공심돈(空心墩)을 설치하여 망원 초소로 쓰기도 했다.

화성은 과학과 기술이 훌륭하게 결합된 성곽이다. 거중기를 이용해 2년 반이라는 비교적 짧은 기간 안에 성곽을 완성한 것이 이를 입증하고 있다. 화성은 단순히 성곽이라는 본래의 방어 기능을 뛰어넘어 건축적으로 보았을 때도 아름답다. 화성은 과학과 기술이 최고조에 달했을 때 그 둘이 결합하여 최고의 예술품을 탄생시킨다는 점을 입증하고 있다. 조선의 르네상스라 일컫던 정조 때였으니 가능한 일이었다. 오늘날 그 아름다움과 곳곳에 배어 있는 치밀함은 우리를 감동시킨다.

화성의 북문인 장안문. 성안에서 바라본 모습이
다. 중층으로 구성된 누의 지붕선이 힘있고 활달
해 보인다.

위/ 장안문 난간. 경사에 맞추기 위해 석축의 돌을 경사지게 다듬어 쌓았다.

아래/ 화성의 북문인 장안문. 성밖에서 바라본 모습이다. 성문 보호를 위해 앞에 원형의 옹성을 두르고 중앙에 문을 냈다. 옹성 위에는 성문 보호를 위한 시설들이 즐비하다.

위/ 화홍문 하부 석축의 아치.

아래/ 화홍문과 방화수류정을 성안에서 바라본
모습. 화홍문 밑은 수원지인 용연에서 발원한 물
을 흘려보내기 위해 일곱 개의 아치형 수문을 만
들었다. 방화수류정과 어우러져 빼어난 풍광을
만들고 있다.

옆면, 위/ 화홍문 뒤에서 바라본 방화수류정. 성 밖에서 본 모습이다. 방화수류정은 화성 내에서 경관이 가장 빼어난 곳으로 주위로 전개되는 담장도 빼어나다. 계단식으로 이루어져 재미와 역동적인 변화가 있다. 방화수류정은 동북 각루인데 각루(角樓)는 전망대와 감시 초소의 역할을 하는 곳이다.

아래/ 방화수류정에서 바라본 동북 포루. 방화수류정과 동북 공심돈 사이에 있다. 포루(砲樓)란 중화기 공격을 하기 위해 설치한 것이다.

위/ 동장대 옆의 성벽. 성안에서 바라본 모습으로 아군이 활동하기 쉽도록
여장(女墻) 하단까지 성토해 길을 만들고 흙이 쓸려 내려가지 않도록 잔디
를 심었다.

아래/ 동장대를 가까이에서 바라본 모습. 오른쪽으로 원형의 동북 공심돈
과 어우러져 완벽한 구성을 보이고 있다.

오른쪽/ 성안에서 본 동북 공심돈. 화서문 옆의 서북 공심돈이 방형(方形)
에 가까운 데 비해 동북 공심돈은 특이하게 원형이다. 공심돈(空心墩)은 먼
곳의 상황을 볼 수 있는 망원 초소의 역할을 해야 하기 때문에 성벽 위로 치
솟아 있다. 전돌로 쌓은 건축물로 화강석으로 쌓은 성벽과 완벽에 가까운
조화를 이룬다.

위/ 성밖에서 바라본 창룡문. 배경이 되는 산의 일부를 지붕이 오려냈지만 서로 닮은 탓에 어색하지 않다. 산세와 출렁이는 지붕선이 서로 닮아 있다.

가운데 왼쪽·오른쪽/ 성밖에서 바라본 창룡문 옆의 동1 포루. 포루(鋪樓)란 소화기 공격을 위해 설치한 것이다. 성벽으로 접근하는 적들을 측면 공격할 수 있도록 돌출해 있다. 이러한 돌출은 방어를 위한 기능의 산물이지만 미학적으로 밋밋한 벽면에 변화를 준다.

아래/ 성밖에서 바라본 성곽의 일부. 성곽은 평균 높이 5미터 내외로 화강석으로 쌓고 그 위에 높이 1.2미터 정도의 여장을 쌓았다. 여장은 주로 화강암 사괴석으로 쌓고 1량(梁)을 단위로 세 개의 총안(銃眼)을 내 가운데 총안은 근거리용, 좌우측 총안은 원거리용으로 사용했다.

위/ 봉돈을 성밖 정면에서 올려다본
모습. 다섯 개의 연기 구멍에서 신호
를 보냈다.

아래 왼쪽/ 봉돈을 성밖 측면에서 올
려다본 모습.

아래 오른쪽/ 봉돈을 성안에서 바라
본 모습. 봉돈(烽墩)은 봉화를 올려 멀
리까지 신호를 보내기 위해 설치했다.
전돌로 쌓은 축조물로 형태가 독특해
이국적이다.

오른쪽/ 봉돈 옆의 동남 각루를 밑에서 올려다
본 모습. 물결치듯이 전개되는 성벽이 더욱 인상
적이다.

아래 왼쪽/ 서남 각루에서 서남 암문 쪽을 바라
본 모습.

아래 오른쪽/ 서남 암문 전경. 암문은 비상시에
적에 노출되지 않고 은밀히 출입하기 위해 만든
문으로 보통의 경우는 성곽 위에 건물을 앉히지
않는다. 그러나 서남 암문의 경우는 조망이 좋은
높은 곳이어서 적을 감시할 수 있도록 건물을 앉
혔다. 그리고 암문 앞쪽으로 키가 낮은 옹성을
쌓고 옹성 끝에는 전망대와 감시 초소 역할을 하
는 서남각루를 설치했다. 암문의 경우 적을 공격
할 수 있도록 설치한 성벽의 총안들이 사람의 얼
굴 형상이다. 두 눈과 코, 콧수염(혹은 이빨), 그
밑의 아치형 문은 입으로 생각될 정도이다.

위/ 서장대 전경. 동장대와는 다르게 2층으로 구성했는데 남한산성의 수어장대와 닮아 있다.

아래/ 성안에서 바라본 서장대. 성 주변을 조망하며 병사들을 지휘해야 하기 때문에 시선이 걸리적거리지 않는 높고 탁 트인 곳에 위치해 있다.

오른쪽/ 화서문에서 서북 각루로 이어지는 성
곽. 평지에서 산이 시작되는 부분으로 계단형으
로 반복되는 성곽의 여장이 아름답다.

아래/ 성밖에서 바라본 서북 각루. 서장대와 화
서문 사이에 있다.

오른쪽/ 화서문에서 서북 각루로 이어지는 성
곽. 평지에서 산이 시작되는 부분으로 계단형으
로 반복되는 성곽의 여장이 아름답다.

위 왼쪽/ 성안에서 바라본 화서문. 남문인 팔달문, 북문인 장안문에 비해 누가 단층이고 규모 역시 작다.

위 오른쪽/ 화서문의 홍예 기단석.

아래/ 옹성 위에서 바라본 서북 공심돈과 화서문 일부. 인접해 있는 서북 공심돈과 화서문이 성벽, 옹성과 함께 절묘한 조화를 이루고 있다. 건축 자체의 경관으로는 화성 내에서 가장 빼어난 곳이다.

위/ 서북 공심돈의 석축. 화강암을 직사각형으로 잘라 서로 정교하게 맞추었다.

아래 왼쪽/ 화서문 입구에서 바라본 서북 공심돈. 왼쪽으로는 성문을 보호하기 위해 성문 앞에 쌓은 원형의 옹성이 보인다. 남문인 팔달문, 북문인 장안문과는 다르게 옹성 중앙에 문을 내지 않고 측면에서 진입하도록 되어 있다.

아래 오른쪽/ 성안에서 바라본 서북 공심돈. 서북 공심돈은 망원 초소의 역할을 하기 위해 높이 치솟아 있어 어디에서고 한눈에 들어온다.

위/ 성밖에서 바라본 북서 포루(砲樓). 성벽으로 접근하는 적들을 측면 공격할 수 있도록 돌출해 있다.

아래/ 성안에서 바라본 북서 포루. 대부분 성안에서 바라본 포루, 포루(鋪樓), 각루는 성밖에서 볼 때와는 다른 이미지를 하고 있다. 성밖에서 본 모습은 적을 퇴치하기 위한 공격적인 이미지이지만 성안에서 본 모습은 텅 빈 하늘과 노란 잔디를 배경으로 단조롭고 밋밋한 성벽 위로 돌출해 있어 시각적인 자극제가 된다. 유려한 지붕선을 보고 있노라면 이것이 과연 적을 살상하기 위한 방어용 시설인가 하는 의문까지 든다.

남한산성 南漢山城

자연과 하나된 성곽

| 소재 : 경기도 광주시 중부면 산성리 산 1 | 사적 제57호 |

남한산성은 말 그대로 산성이다. 도성인 한성의 피난처로 쓸 목적으로 이전의 토성을 인조 때 석성으로 다시 쌓았다. 한성을 가운데 두고 북으로는 북한산성, 남으로는 남한산성이 호위하고 있는 형국으로 산에 파묻혀 있다. 이런 이유로 산의 지형에 따라 굴곡이 심하고, 심한 곳은 뱀의 형상으로 휘어진 곳도 있다. 성곽의 하단인 화강석 벽에는 수많은 잡초와 들풀들이 자라고 있는데 밖에서 보았을 때 인공 구조물이 아닌 자연의 일부처럼 인식되는 부분도 많다. 이 점은 도성이나 읍성과 다른 산성만이 지닌 아름다움의 하나다.

많은 점에서 읍성의 온전한 형태를 보존하고 있는 화성과 비교된다. 그러나 읍성인 화성과 달리 산성인 점, 화성보다 이전에 축조된 점으로 인해 성곽을 방어하기 위한 부속 시설이 비교적 간략하다. 화성에서 볼 수 있는 옹성과 치성이 남한산성에는 없고, 포루(砲樓)와 포루(鋪樓)도 보이지 않는다. 또한 그나마 있었던 행궁과 관아도 소실된 상태여서 현재는 전망대 겸 지휘소인 수어장대 정도가 남아 있다. 동서남북 방향으로 네 개의 문을 냈고 암문의 수는 여덟 개로 화성에 비해 많다. 총길이도 8킬로미터로 화성의 5.418킬로미터에 비해 길다.

산성이어서 동서남북 방향으로 난 성문과 누가 주위의 수목과 잘 어울리며, 서문에서 한강 쪽을 바라보는 풍광과 남옹성에서 맞은편 산을 바라본 풍광이 가장 빼어나다.

위/ 남한산성 남문. 성밖에서 바라본 모습으로
밖에서 보면 상당히 높다. 그러나 안에서 보면
경사로 인해 여장에 쉽게 접근할 수 있도록 구성
되어 있다.

아래/ 남한산성 남문. 성안에서 바라본 모습으
로 주위에 수목이 울창하여 아름답다.

아래/ 성벽에 풀과 꽃이 무성하여 인공 구조물
이라기보다 자연의 일부라는 느낌이 더욱 강하
다. 그런 면에서 읍성(邑城)인 화성과 대조를 이
룬다.

오른쪽/ 산허리를 타고 전개되는 성벽. 산성은
지형에 따라 전개되기 때문에 자유스러운 곡선
미가 일품이다. 흡사 살아 있는 뱀 같다.

남한산성

옆면/ 산성이 보여 주는 그림자놀이. 빛과 그림자는 건축가가 조형을 살리고, 건축주나 사용자에게 시간의 변화를 감지시키고, 그림자놀이로 흥미를 유발시킬 수 있는 중요한 요소로 항상 붙들고 있어야 할 화두이다.

위/ 수어장대로 오르는 통로. 기능상 필요하지 않아 문을 설치하지 않은 것이지만 오히려 공간이 트여 연결되고 시선이 막히지 않아 좋다.

아래/ 산성을 밑에서 올려다본 모습. 성벽은 돌로, 여장은 전돌로 쌓고 방어를 위해 총안(銃眼)을 설치했다. 성벽 한쪽 은밀한 곳엔 비상시 적의 눈에 띄지 않고 출입할 수 있도록 암문을 설치한다.

위 오른쪽/ 북문에서 동문 쪽으로 연결된 성벽. 성벽의 여장을 따라 통행로
가 길게 나있다. 여장을 따라 연속적으로 난 이 길을 이용해 성밖의 적들을
효과적으로 방어할 수 있었다.

위 왼쪽/ 남한산성 동문 옆의 수구(水口).

아래/ 남한산성 북문. 성 안쪽으로부터 성벽의 여장까지 경사가 완만하여
쉽게 오를 수 있도록 구성되어 있다. 완벽하게 단절된 낙안읍성과 크게 비
교된다.

위/ 성벽을 측면에서 바라본 모습. 안전하게 쌓기 위해 위로 올라갈수록 안쪽으로 밀어서 쌓았다. 성벽의 밑은 큰 돌을 이용하고 위로 올라갈수록 작은 돌로 쌓았다.

가운데/ 남쪽 옹성에서 돌출한 성벽을 바라본 모습. 남쪽으로의 전망이 좋아 성벽을 돌출해 쌓고 앞쪽으로 옹성을 둘렀다. 성안에서 옹성으로 이어지는 아치형 개구부가 보인다.

아래 왼쪽/ 옹성 안에서 본 방어용 개구부.

아래 가운데 ·오른쪽/ 옹성의 방어용 총안들. 옹성 밖에서 바라본 모습이다.

돌출한 성벽을 앞에서 바라본 모습. 복원되지 않
아 여장이 일부 없고 성벽 안팎에 나무와 풀이
무성하다. 그런 모습이 오히려 고풍스럽고 운치
있어 보인다.

사찰

사찰은 그 위치에 따라 크게 평지형과 산지형 사찰로 나눌 수 있다. 평지형 사찰은 너른 평지에 건축물을 분산 배치한 형태를 말하고, 산지형 사찰은 경사가 심해 석축을 쌓아 단(壇)을 형성하고 단 위에 영역을 한정하며 건물군을 앉힌 경우를 말한다. 평지형 사찰은 공간 이동이 수평으로만 행해지거나 설혹 있다 해도 수직 공간 이동이 약하여 흥미가 반감된다. 이에 반해 산지형 사찰은 공간의 수직 이동이 심하거나 적극적으로 일어나 공간 체험적 측면에서 흥미롭다.

산지형 사찰은 경사지에 단을 만들기 위하여 석축을 쌓는다. 부지의 경사가 가파를수록 석축은 한 단으로 끝나지 않는다. 석축이 가파르게 한 단으로 끝나는 대표적인 경우는 화엄사나 송광사이다. 이에 반해 해인사와 부석사의 경우는 서너 개의 단을 만들어, 단 위에 건물군을 앉혀 영역을 한정한다. 물론 가장 중요한 건물군이 최상의 위치를 점하게 된다.

이런 이유로 산지형 사찰은 석축 쌓기에서부터 건축이 시작된다. 그러므로 석축을 조성하는 데 심혈을 기울였고, 그만큼 볼 거리와 감동을 주는 부분이 많다. 크고 작은 돌들이 맞물려 이루는 조화는 한 편의 음악이다. 사람 몸체의 두세 배 되는 돌들이 차곡차곡 쌓여서 만들어낸 경관은 가히 장관이다. 부석사, 해인사, 송광사, 불국사의 석축이 그러한데 자세히 보고 있노라면 돌들이 흡사 사람을 향해 말하는 것처럼 느껴진다.

사찰에서 또 하나 주의깊게 보아야 할 것은 축선이다. 꼭 그런 것은 아니지만 규모와 형식을 갖춘 대부분의 사찰이 이를 따르고 있다. 이는 사찰이 여타의 전통 건축에 비해 동선이 길기 때문이다. 이러한 축선의 설정은 신도들을 원하는 최종 목적지까지 자연스럽고 쉽게, 변화를 느끼면서 도달시키고자 하는 데 그 목적이 있다.

주요 건축물을 축선상에 배치하고 그 외에 배경이 되는 건축물을 축선 주변에 배치하여 영역과 외부 공간을 한정한다. 간단한 예로 사찰에 진입하기 위한 첫번째 관문인 일주문에서부터 금강문, 천왕문, 누(樓), 대웅전을 축선상에 두고 순서대로 각 영역을 지나 최종 목적지인 대웅전에 이르도록 하는 수법이다.

　　사찰에서 또 하나 중요한 것은 건물수가 많을수록 배치에 의한 영역 구분을 명확히 했다는 점이다. 건물수가 적은 경우는 튼 ㅁ자로 건물을 배치하는데 입구에는 누, 그 반대편에는 대웅전을 배치하고 직교하는 축선상에 요사채나 강당을 배치하는 게 통례(通例)이다. 그러나 건물수가 많아 각기 무리를 이루는 경우는 영역을 크게 상(핵심:승화)·중(중심:법당)·하(진입)로 나누고 일주문, 천왕문, 불이문(금강문), 누에 이르기까지를 일련된 축선상에 두어 단계를 거쳐 올라가게 함으로써 진입 공간으로 활용한다. 그리고 누를 지나 너른 마당을 중심으로 누와 대웅전(대적광전), 영상전, 나한전, 명부전, 강당, 요사채 등으로 중심 공간을 형성한다. 그 다음 사찰의 영역 가운데 가장 높거나 깊은 곳에 가장 핵심이 되는 건물군을 앉히거나 중요한 석물(石物), 유구(遺構)를 앉혀 최종 예불의 대상이 되게 하거나 숭배의 대상이 되도록 고려했다. 대표적인 경우가 삼보사찰인 통도사·해인사·송광사와 화엄사의 경우로 이러한 규범이 매우 엄격하게 지켜지고 있음을 볼 수 있다.

부석사 浮石寺

자연을 보는 탁월한 안목

| 소재 : 경상북도 영주시 부석면 북지리 148 |

부석사는 불국사와 함께 한국 사원 건축의 정점에 서 있다. 불국사가 인공미의 극치라면 부석사는 자연미의 극치를 보여 준다. 가장 확연하게 드러나는 건 석축으로 불국사의 전면(前面) 석축이 목구조 형식을 본떠 쌓은 것이라면 부석사의 석축은 생긴 대로 아래에서 위로 돌을 차곡차곡 쌓아 만든 것이다. 큰 돌, 작은 돌, 둥그스름한 돌, 네모난 돌, 각양각색의 돌들이 오밀조밀하게 모여 있다. 사람이 쌓았지만 불국사처럼 인공의 흔적을 남기지 않았다.

영역의 한정 역시 담장을 쌓거나 건물을 앉혀서 외부 공간을 한정하지 않고 단순히 쌓은 석축의 높이차에 의해 영역을 한정했다. 이렇게 부지의 높이 차이로 영역을 한정하고 가장 높은 영역에 주불인 아미타불을 모신 무량수전을 앉힌 다음 그뒤에 이 절을 창건한 의상대사의 영정을 모신 조사당을 앉혔다.

부석사는 축선의 아름다움이 극명하게 드러난 사찰이다. 일주문, 천왕문, 범종루, 안양루, 무량수전으로 이어지는 주 동선 밖으로 여타의 건축물들이 일정한 거리를 두고 비껴 앉은 형상이다. 이런 이유로 시선이 걸리적거리지 않고 동선이 명쾌하다. 특히 이러한 느낌은 범종루 밑을 통해서 본 안양문과 무량수전에서 잘 드러난다. 서방정토의 입구로서의 안양문과 서방정토의 수호불인 아미타불을 모신 무량수전의 지붕이 겹쳐지면서 우리 건축 역사상 가장 아름다운 자태를 드러낸다. 이는 주위에 다른 전각들이 많아 시선을 어지럽혔다면 불가능한 일이다.

위/ 석축 위에서 본 천왕문. 안에서 바깥쪽으로
본 모습이다. 동선을 따라 바닥에 박석을 깔았
다. 앞쪽으로 부석사 전면에 펼쳐진 소백산맥의
일부가 보인다.

아래/ 천왕문을 통해 본 돌계단. 산지형 사찰인
관계로 여러 단의 석축을 쌓아 부지를 조성했고
돌계단을 통해 계속 오르도록 되어 있다.

범종루 밑에서 본 안양문과 무량수전. 누하 진입
방식으로 부석사에서 가장 아름다운 경관을 보
여 준다. 범종루 자체가 하나의 틀이 되어 안양
문과 무량수전을 가둠으로써 더욱 아름답다.

위/ 범종루 밑에서 본 안양문. 밑에서 보면 무량
수전은 지붕만 보이지만 안양문은 전체를 다 드
러냄으로써 서방정토의 입구임을 확실히 보여
준다.

아래 왼쪽/ 범종루의 나무기둥. 생긴 그대로 쓰
기 때문에 뒤틀린 모습이 확연히 드러난다. 기둥
마다 각기 다른 표정을 가지고 있어 좋다.

아래 오른쪽/ 범종루의 나무기둥. 밑이 뭉뚝한
것이 말발굽 모양을 하고 있다.

아래/ 안양문을 측면에서 바라본 모습. 무량수
전은 안양문과 지붕이 겹쳐졌을 때 가장 아름답
다. 한국 사찰에 있는 대부분의 돌계단은 난간
없이 가파르다. 이는 한 영역에서 다른 영역으로
오르는 과정에서 조심성과 긴장감을 유발하는
효과가 있다.

옆면/ 돌계단 밑에서 바라본 안양문. 새가 날개를
펴고 있는 형상으로 목조의 결구(結構)가 아름답
다. 부재 하나하나가 다 살아 숨쉬는 것 같다.

浮石寺
安養門

위/ 무량수전 앞에서 본 안양문과 석등. 안양루 기둥 사이로 소백산맥이 줄
달음치고 있다. 시선을 막지 않고 잡스러운 느낌을 주지 않기 위해서 석축
밑은 나무를 심었으나 그 위는 심지 않았다.

아래/ 부석사의 석축. 크고 작은 돌들이 결합된 부석사의 석축은 자연미가
뛰어나며 정교하다. 모양이 다른 돌들을 아래에서 위로 맞춰 쌓고 그 사이
에 작은 돌들을 정교하게 끼워 만든 것으로 모습이 다 달라 같은 것이 없고
아무리 보아도 질리지 않는다. 석축을 만드는 데 얼마만한 공력이 들었는
지 짐작할 수 있다. 산지형 사찰에서 석축 쌓기는 최초로 행해지는 건축 행
위로 건축물을 만드는 것만큼 공력이 들어간다.

위/ 무량수전의 공포(拱包). 주심포 양식으로 있어야 할 것만 있고 없어야 할 것은 다 빠진 간결하고 힘있는 모습이다.

가운데/ 무량수전의 배흘림기둥과 하인방, 문짝과 문살. 명품은 정교하다. 부분만 떼어서 보아도 명품이다.

아래 왼쪽/ 범종루와 안양문, 무량수전이 부지 높이에 따라 진입 순서대로 배치되어 있다. 산지형 사찰의 경우 가장 중요한 건축물이 가장 높은 곳을 차지한다.

아래 오른쪽/ 무량수전의 주춧돌. 전체 형상은 방형이나 중앙 대좌부를 원형으로 돌출시켜 기둥을 앉혔다.

삼층석탑 위에서 본 범종루와 안양문. 무량수전
앞으로 소백산맥이 장대하게 펼쳐져 있어 자연
안에서 또 하나의 부처님을 감지할 수 있다. 의상
대사가 이곳에 부석사를 개창한 이유일 것이다.

불국사 佛國寺

피안 또는 불국의 형상화

| 소재 : 경상북도 경주시 진현동 15 |

불국사 건축의 특징은 전면부 석축에 있다. 부지가 경사져서 전면에 돌을 가다듬어 목조 형식의 석축을 쌓고 그 후미를 성토하여 부지를 형성한 다음 그 위에 건축물과 탑을 앉혔다. 전면 석축에 다시 청운교·백운교와 연화교·칠보교의 돌계단과 난간을 형성하여 대웅전과 극락전에 이르도록 하였고 대웅전 앞에는 수직 악센트로 다보탑과 석가탑을 배치했다.

다른 한편으로는 '불국(佛國)'이라는 말 그대로 부처님의 나라를 만들기 위해 속계와 성역을 의미하는 높낮이의 변화가 필요했고, 그 높낮이의 변화를 위해 경사를 이용해 전면부에 석축을 쌓았다. 속계에서 성역으로 넘어가기 위해 계단이 필요했고 이를 위해 돌계단과 난간을 만들었다. 돌계단 밑 아치로는 마음속으로 상상의 물을 흘려보내 속계에서 성역으로 넘어가는 상징적인 의미를 부여했다.

불국사는 전면부 석축으로 시작해 석축에서 완결된 만큼 전면부의 입면 구성이 뛰어나다. 목구조로 가다듬어 만든 석축과 막쌓은 돌, 돌계단, 난간, 누(樓)와 문 등이 한몸처럼 완벽하게 조화를 이루고 있어 어느 방향 어느 각도로 보아도 아름답다.

불국사의 영역 한정법은 독특하다. 중심에 대웅전, 극락전, 비로전, 관음전 등의 불전을 하나씩 두고 주위를 회랑과 담장으로 둘렀다. 이처럼 각개의 불전을 하나의 영역으로 한정한 예는 초기 사찰에서 볼 수 있는 형식으로 불국사의 긴 역사를 말해 준다. 회랑과 담장으로 한정된 각개의 영역은 이상적 세계, 즉 피안 또는 불국을 각각 형상화한 것이다.

앞면, 아래/ 대웅전의 통로인 청운교와 백운교,
자하문을 측면과 정면에서 본 모습. 불국사 경내
에서 경관이 가장 빼어난 곳이다. 청운교와 백운
교는 부처님의 나라가 구름 위에 있는 신성한 곳
임을 상징적으로 나타내기 위해 붙인 이름이다.

위/ 법고가 설치되어 있는 범영루를 측면에서
본 모습. 좌측으로 극락전의 통로인 연화교와 칠
보교가 보인다.

위/ 청운교 밑의 석축을 측면에서 바라본 모습.
돌을 목조 형식으로 짜 맞춘 것으로 우리나라의
건축 역사상 그 유래가 없는 것이다. 발상도 기
발하고 질(質)로도 최상이다.

아래 왼쪽·오른쪽/ 백운교 밑의 아치를 측면과
정면에서 바라본 모습. 속계와 성역을 가르는 상
징적인 의미를 지니고 있다. 다보탑과 함께 불국
사 경내에서 돌 가공 솜씨가 가장 빼어난 곳이다.

위/ 백운교와 연결되는 석축을 측면에서 바라본 모습. 석축의 일부는 자연석을 쌓아서 만든 것으로 범영루 밑의 자연석 쌓기가 이곳까지 연결되어 있다.

아래/ 안양문과 범영루 사이의 석축. 돌을 가공해 목조 형식으로 틀을 짜고 그 사이에 돌을 끼웠다. 수평으로 강하게 전개되는 석난간(石欄干)도 눈여겨볼 만하다.

위/ 범영루 밑의 석축. 자연석을 밑에 쌓고 그 위에 가공한 돌을 목조 형식
으로 짜 기단을 형성했다. 그 위에 범영루의 기둥을 돌로 짰다. 막돌 허튼층
쌓기의 자연미와 목 구조 형식의 인공미가 결합된 형태로 자연과 인공의
조화를 상징적으로 나타내고 있다.

아래/ 범영루 밑의 돌기둥 상세. 새의 날개 형상으로 법고 소리가 새의 날개
를 타고 온 세상 짐승들에게 전파되기를 바라는 간절한 소망을 담고 있다.
기둥 하나에도 어떤 의미를 부여하느냐에 따라서 인간의 상상력을 자극하
게 된다.

위/ 범영루와 자하문 사이의 수집구(水集口). 낙수되면서 땅이 움푹 팰 것을 대비해 위치에 맞추어 자갈을 깔았다.

아래/ 극락전 좌측 회랑 밑의 석축. 가공한 장대석을 가구식으로 짜 맞추었다. 중간의 장대석은 경사를 따라 비스듬하게 구성되어 있다.

옆면/ 극락전 좌측 회랑 밑의 석축. 가공한 돌을 목조 형식으로 짜 맞추고 그 사이에 돌을 끼웠는데 수법이 다 다르다. 큰 돌이 있으면 작은 돌이 있고, 둥글고 네모진 돌이 있으면 세모난 돌이 있다. 또한 세운 돌이 있으면 누운 돌이 있다.

극락전 좌측 회랑 밑의 석축. 지면을 따라 경사
지게 오던 부재가 입구 근처에서 수평 부재와 만
나게 된다.

위/ 극락전 우측면에서 본 대웅전 입구. 회랑의
선들이 위아래로 겹쳐지고, 그 위로 무설전의 지
붕이 일부 보인다. 선형 구성의 대표적인 예이다.

아래/ 극락전 배면에서 본 대웅전 입구. 회랑과
지붕, 돌계단의 조화가 절묘하다. 지붕이 건축에
대한 인식의 부호로 쓰이고 있다.

위/ 밑에서 위로 올려다본 다보탑 상륜부. 형태
가 자유로운 가운데 이룬 조화가 놀랍다. 8각 옥
개석을 뒤집힌 신발 모양의 돌이 받치고 있다.

아래/ 다보탑 전경. 그 배경이 소나무 숲이 되기
때문에 불규칙한 나무선과 직선이 위주인 석탑
선과의 생경한 만남을 피하기 위해 직선이 적은
다보탑을 동쪽에 배치했다. 다보탑은 다보여래
를 형상화하여 만든 탑으로 지극히 여성적이다.
우리나라에 있는 이형석탑(異形石塔)으로는 최
고의 것으로 곡선이 많이 사용되어 화려하다.

위/ 석가탑 주위의 탑구(塔區). 연꽃 문양이 섬세하게 새겨져 있다.

아래/ 석가탑 전경. 다보탑에 비해 극히 간략화된 형태로 다보탑에 비해 남성적이다. 전형적인 우리나라 삼층석탑의 완성된 모습이다.

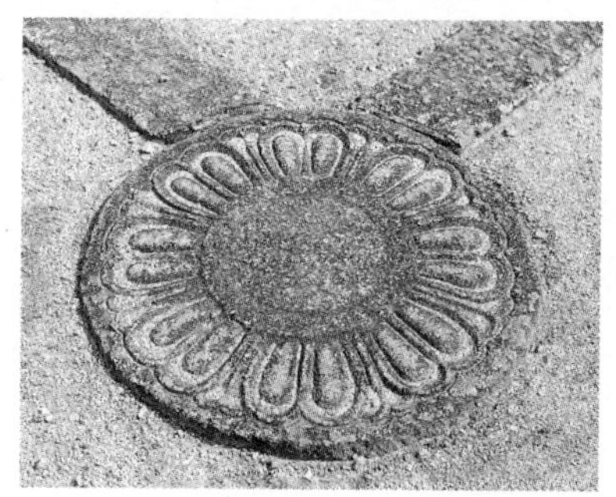

옆면/ 언덕 위에서 본 다보탑. 지붕을 찢고 솟아
오르는 듯한 강인한 인상을 준다. 다보탑은 석굴
암과 더불어 석물 조형으로서는 최고의 것으로
전체에서 부분에 이르기까지 더하고 뺄 것이 없
다. 볼 때마다 숨막히는 아름다움을 느낀다.

아래/ 언덕 위에서 본 대웅전 앞의 다보탑과 석
가탑. 지붕 위로 불쑥 솟아 있어 수직 악센트로
서의 역할을 하고 있다.

위/ 무설전 뒤에서 관음전에 이르는 돌계단의
석축. 건축에 있어 가장 중요한 것은 자기만의
독특한 표정이다. 부분에서 전체에 이르기까지
자기만의 표정을 가질 때 눈을 떼지 못하고 보고
또 보게 된다. 사람의 발길을 한없이 잡아 두는
건축이 참된 건축이다.

아래 왼쪽/ 비로전에서 관음전으로 오르는 계
단. 계단 좌우로 자연석을 계단처럼 쌓아 화계를
만들었다.

아래 오른쪽/ 무설전 뒤에서 관음전으로 오르는
계단. 석축을 5단 쌓고 그 위에 돌계단을 가파르
게 만들었다. 불국사 경내에서는 가장 높은 곳으
로 송광사나 해인사처럼 높이가 그 영역의 의미
를 대변하지는 않는다. 단지 영역의 구분과 한정
을 위해 지형에 따라 구성했을 뿐이다.

위/ 종무소 앞의 돌의자. 앉아서 쉴 수 있도록 불
국사터에서 나온 석물들을 나무 주위에 배치했
다. 쉬워 보이지만 선뜻 행하기 힘든 조경 수법
이다. 아이디어 하나가 건축의 전체 완성도를 어
디까지 끌어올릴 수 있나 하는 것을 보여 주는
좋은 예이다.

아래/ 자하문 앞의 석조(石槽). 석조 앞으로 나
무 홈대를 받쳐 물의 유입을 유도하고 있다.

송광사 松廣寺

수도를 위한 영역 전개

| 소재 : 전라남도 순천시 송광면 신평리 12 |

송광사는 불·법·승 삼보 가운데 승보사찰이다. 그만큼 16국사를 비롯한 많은 고승대덕들을 배출했다는 의미이기도 하지만 한편으로는 수양하는 스님들을 섬기는 사찰이라는 의미도 된다. 실제로 대웅보전 뒤편 석축 위는 송광사 내에서 가장 높은 영역에 해당되는데 그곳에 위치한 국사전, 수선사, 설법전, 삼일암, 하사당 등은 16국사의 영정을 모시거나 스님들이 참선과 법회를 하는 곳, 선객들의 공양처 등으로 이용된다. 이처럼 스님들의 행적이나 수양과 긴밀한 관계에 있는 건축물들이 가장 높은 영역에 위치해 있다.

송광사는 크게 다섯 개의 영역으로 구분할 수 있다. 청량각에서부터 종고루까지 계곡을 따라 길게 이어지는 진입 영역, 대웅보전을 중심으로 분산 배치된 법당 영역, 대웅보전 좌측에 위치한 국제선원 영역, 대웅보전 우측에 위치한 요사채 영역, 대웅보전 뒤편에 위치한 국사전을 포함한 선방 영역이 그것이다. 새로 중창하면서 대웅보전을 품격과 크기 면에서 합당하게 앉히고, 대웅보전을 중심으로 영역을 명확하게 분리했다.

새로 지어진 건축물들이 많지만 외부 공간 나누기가 잘되어 있어 전개가 다양하고, 건물 모서리와 모서리 사이로 보이는 경관이 아름답다. 또한 일주문에서 우화각에 이르는 동선은 선암사, 부석사와 함께 가장 아름다운 사찰 진입로 가운데 하나이다.

위/ 청량각을 지나서 본 송광사 진입로. 안쪽에
서 입구 쪽을 본 모습이다. 대부분의 사찰은 입
구에서 일주문에 이르기까지 긴 진입 동선을 갖
는다. 이는 이러한 과정적 공간을 거침으로써 속
세의 묵은 때를 털어버리는 효과가 있다.

아래/ 송광사 일주문. 안쪽에서 입구 쪽을 본 모
습이다. 문과 담은 있으나 문짝은 없다. 물리적인
통제를 위한 문이 아닌 심리적인 통제를 위한 문
이다.

위/ 임경당의 누마루. 천연덕스럽게 시원한 계
곡에 양발을 담근 형상이다. 자연에 좀더 가까이
다가서기 위한 것으로 계곡 안으로 건축물을 들
이밀어서 밋밋한 입면에 변화를 주었다.

아래/ 우화각을 침계루 측면에서 본 모습. 계곡
물 위에 돌로 아치를 틀고 그 위에 건축물을 앉
힌 것으로 속계를 벗어나 성역으로의 진입을 의
미한다. 영역의 경계가 되는 것이 계곡이다.

위/ 침계루 뒤의 요사채. 대문과 요사채 지붕의 환기 구멍이 서로 닮은꼴이어서 재미있다. 쌍을 이루거나 반복되는 형상은 강조를 위한 것으로 인간의 눈을 강하게 잡아끄는 힘이 있다.

아래/ 법당의 중심이 되는 대웅보전. 새로 신축된 법당으로 형태도 이채롭고 대웅보전으로서의 품격도 갖추고 있다.

위/ 대웅보전의 주춧돌. 부처님의 나라임을 나
타내려고·연꽃 문양을 2단으로 정교하게 새겼
다. 그림자가 있어서 조형은 더욱 빛난다.

아래/ 대웅보전 옆에서 본 국사전 영역. 승보사
찰인 관계로 대웅보전 뒤에 국사전과 선방을 앉
혔는데 그 석축의 구성 또한 재미있고 놀랍다.

위, 아래/ 송광사 건물 배치의 특성은 건물과 건물 사이로 다른 건물군이
보이도록 한 점이다. 양 옆의 건축물이 하나의 틀을 형성하기 때문에 시각
적으로 안정감이 있고 아름답다. 이는 우연이라기보다 의도적인 것으로 우
리 옛 건축에서 건물의 수가 많을 때 나타나는 공통적인 현상이다.

대웅보전 옆과 뒤로 응향각, 하사당, 삼일암 지
붕의 박공과 합각면이 반복해서 나타나면서 재
미있는 구성을 보여 준다. 옛 건축의 지붕을 보고
있노라면 유려한 선으로 인해 운율이 느껴진다.
이처럼 정연하게 모여 있을 때는 더욱 그렇다.

위/ 지장전 옆에서 본 국사전 영역의 석축과 담. 석축을 2단으로 쌓고 그 위에 돌담을 쌓았다. 산지형 사찰인 송광사는 부석사, 해인사, 불국사처럼 석축에 많은 볼 거리가 있다.

아래/ 관음전 뒤의 보조국사 사리탑에 오르기 위한 계단. 석축과 계단, 담의 구성이 재미있다. 마을에서의 조상들의 묘, 서원과 살림집에서의 사당처럼 숭배의 대상이 되는 것은 위에 위치한다. 이때 계단은 단순히 공간 이동을 위한 수단으로만 쓰이지 않고 오르면서 마음을 추스리는 장치로 쓰이고 있다.

위/ 관음전 뒤의 돌로 쌓은 수로. 수많은 돌들의 조합으로 이루어진 수로로 사람이 쌓았지만 자연미가 물씬 풍긴다.

가운데 왼쪽/ 관음전 계단의 소맷돌 석수.

가운데 오른쪽/ 승보전 계단의 소맷돌 석수.

아래 왼쪽·가운데·오른쪽/ 국사전과 선방 영역의 축대. 자연석을 생긴 대로 쌓지 않고 가다듬어 세세하게 맞춘 모습으로 많은 공력이 들어간 석축이다. 돌과 돌의 조합이 재미있다.

옆면/ 국사전 뒤의 스님들 휴식처에서 내려본 모습. 건축물이 많아서 위에서 내려다보면 지붕의 바다를 이루고 있다. 중앙에 보이는 문이 국사전 영역으로 들어서는 출입문이다.

옆면/ 국사전 뒤의 스님들 휴식처에서 송광사 입구 쪽을 바라본 모습. 송광사 전 영역이 내려다보이고, 멀리 목우산이 시원스럽게 펼쳐져 있다. 참선하시는 스님들의 휴식처로는 최적이라 할 수 있다.

아래/ 부도탑으로 오르는 길. 위에서 아래로 내려다본 모습이다. 양 옆에 대나무를 빼곡하게 심어 운치가 있다. 자연적으로 생긴 오솔길과는 또 다른 맛이 있다. 부도탑은 사찰의 입구에 배치하는 것이 통례인데 송광사의 경우 승보사찰인 관계로 사찰 영역보다 높은 곳에 독립되어 있다.

해인사 海印寺

진리의 바다, 삼매의 바다 해인

| 소재 : 경상남도 합천군 가야면 치인리 10 |

해인사는 불·법·승 삼보 가운데 법보사찰이다. 석축으로 형성한 여섯 곳의 영역 중 가장 높고 깊숙한 곳에 부처님의 설법을 새긴 고려대장경을 모시고 있다.

해인사는 영역 한정법이 여타의 절과는 다르다. 담장과 문을 사용해 영역을 강력하게 차단할 수 있도록 했다. 문을 닫았을 경우에는 진입하지 못하거나 우회해야 진입이 가능하도록 했는데 여타의 절에서 볼 수 있는 자유로운 형태의 우각 진입이나 누 아래 진입과는 다른 것이다. 봉황문에서 해탈문, 해탈문에서 구광루, 수다라장과 법보전의 영역이 그러한데 혹시라도 있을지 모르는 고려대장경 분실에 대한 예비책으로 그런 공간처리를 한 듯싶다.

해인사는 산지형 사찰답게 석축이 많고 높으며 석축의 돌 또한 장대하여 볼 거리가 많다. 이렇게 석축으로 형성한 각 부지를 건축물, 담장, 문으로 무척 세밀하게 그 영역을 나누어 한정하고 있다. 크게 여섯 개의 영역으로 나눌 수 있는데 일주문에서 봉황문, 봉황문에서 해탈문, 해탈문에서 구광루, 구광루에서 대적광전 밑의 석축, 석축 위의 대적광전 영역(법당 영역) 그리고 수다라장과 법보전 영역이 그것이다. 영역을 다시 크게 둘로 나누자면 대적광전 밑의 석축을 기준으로 그 밑은 진입과 종각, 요사채, 선방, 강당이 차지하고 그 위는 법당과 고려대장경을 안치한 수다라장과 법보전의 영역으로 나뉜다.

봉황문에 서서 일주문을 바라본 모습. 양 옆에
울창한 전나무가 도열하듯이 서 있다. 일주문과
봉황문 사이의 영역을 나무로 한정했다.

위/ 봉황문 사이로 바라본 일주문. 축선을 사용하여 공간의 연속성과 중첩의 효과를 얻고 있다.

아래/ 해탈문 앞에서 바라본 모습. 오른쪽의 구광루를 경계로 석축에 의해 영역이 나누어지는데 위로 올라갈수록 영역의 위계가 높아진다.

위/ 봉황문 사이로 바라본 일주문. 축선을 사용하여 공간의 연속성과 중첩의 효과를 얻고 있다.

아래/ 해탈문 앞에서 바라본 모습. 오른쪽의 구광루를 경계로 석축에 의해 영역이 나누어지는데 위로 올라갈수록 영역의 위계가 높아진다.

위/ 산지형 사찰인 관계로 여러 단의 석축을 쌓
아 부지를 조성하고, 그 위에 건축물을 앉혔다.
만들어진 석축에 의해 영역이 나뉘고, 그 경계를
오르내리기 위해서는 계단이 필요하다. 대적광
전에 진입하기 위해서는 구광루 옆의 계단을 올
라야 한다.

아래/ 대적광전에 오르기 위해서는 구광루 양
옆의 계단뿐만 아니라 옆으로 난 경사로로 우회
할 수 있다. 경사로를 이루는 석축과 담. 그 구성
이 재미있다.

위/ 대적광전 정면 계단의 소맷돌 석수. 상상 속의 동물인 듯 짐승의 얼굴과 몸에는 비늘이 나있다.

아래/ 해인사는 특이하게도 대적광전을 중심으로 법당을 한 영역에다 배치했다. 대적광전 앞에있는 석축을 경계로 그 밑은 진입 동선, 종각, 누, 선방과 강당, 요사채를 배치해 법당 영역과 그밖의 건물 영역을 명확하게 구분했다. 법당 영역에 이르기 위해서는 난간 없는 가파른 돌계단을올라야 한다.

위/ 대적광전 뒤에는 마지막 석축이 있고 이것을 올라야 비로소 고려대장경을 만날 수 있다. 법보사찰인 만큼 가장 높고, 가장 깊숙한 곳에 고려대장경을 안치하고 있다.

아래/ 대적광전 측면의 외부 공간. 건축의 위계를 달리해 석축 위에 법당을 앉혔기 때문에 위계가 낮은 누와 선방, 선문은 지붕만 보인다.

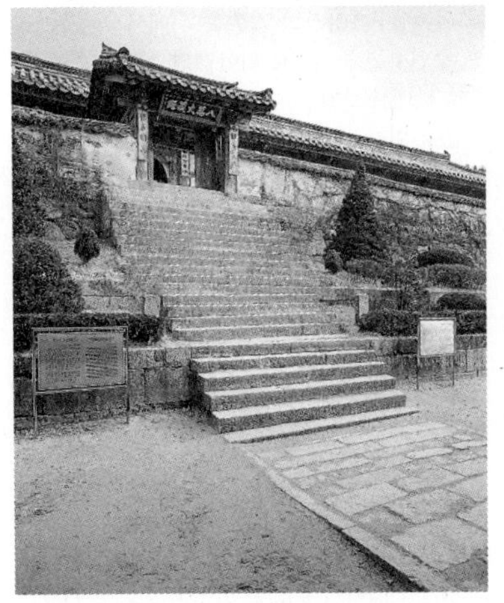

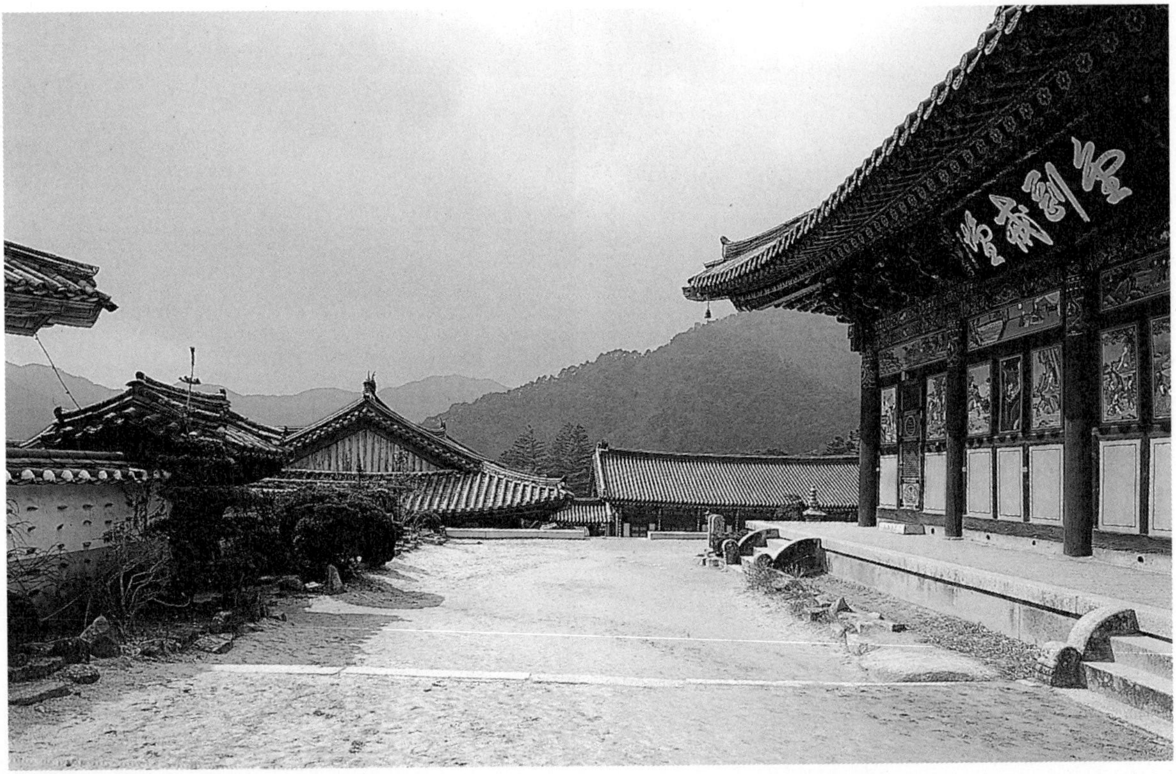

위 왼쪽/ 수다라장의 벽면을 뒤에서 바라본 모습. 중인방을 중심으로 위아래의 창살 크기가 다른데 앞에서 보았을 때는 위아래의 창살 크기가 바뀐다. 이는 대장경 보호를 위해 환기와 통풍을 합리적으로 하기 위한 조처이다.

위 오른쪽/ 수다라장과 법보전의 창살은 환기와 통풍을 위한 것이지만 기둥을 중심으로 끊어서 보면 재미있는 구성이 연출된다.

아래 왼쪽/ 뒤에서 바라본 법보전 건물 모서리 부분. 주춧돌과 기둥 등의 부재에서 강인함과 역동적인 힘이 느껴진다.

아래 오른쪽/ 법보전 뒤의 외부 공간. 산의 지형을 따라 전개되어 있는 담장의 구성이 재미있다.

왼쪽·가운데·오른쪽/ 법보전과 수다라장의 댓
돌. 위에서 보았을 때 사람이 가공한 흔적을 남기
지 않으려고 안쪽을 일부러 불규칙하게 만들었
다. 이러한 수법은 모든 우리 옛 건축에서 공통적
으로 나타나는데, 인공의 흔적을 남기지 않음으
로써 자연의 일부인 것처럼 보이려는 자연 닮기
의 일면이다.

옆면/ 요사채의 일부. 마당 앞에 심어 놓은 꽃나
무가 담을 대신해 영역을 한정한 예이다. 꽃나무
로 영역을 한정할 경우 담장에 비해 배타적이지
않아 느낌이 훨씬 부드럽다.

아래/ 종각 뒤의 요사채 석축. 산지형 사찰이 대
부분 그렇듯이 석축이 우수하여 건축물보다 석
축에 더 관심이 가는 경우가 많다.

통도사 通度寺

다양한 공간의 전개

| 소재 : 경상남도 양산시 하북면 지산리 583 |

통도사는 불·법·승 삼보 가운데 불보사찰이다. 대웅전 뒤편 가장 깊은 영역에 부처님의 진신사리를 모신 금강계단이 있다.

통도사는 평지 사찰인 관계로 산지형 사찰에서 볼 수 있는 석축과 위아래로의 공간 변화가 없다. 단지 수평적인 공간 변화가 있을 뿐이다. 이러한 단점을 보완하려는 듯 일주문에서 가장 깊은 영역의 삼성각에 이르기까지 잘게 쪼개진 외부 공간이 다양하게 전개되고 있다. 통도사는 크게 세 개의 영역으로 나눌 수 있다. 동에서 서로 일주문에서 대웅전까지 이어지는 동선을 주축으로 잡아 진입하면서 그와 직교하여 남에서 북으로 각 영역의 중심 건물인 영산전, 대광명전, 대웅전으로 이어지는 동선을 부축으로 잡아 이루어지는 영역이 그것이다. 이름하여 하로전, 중로전, 상로전의 세 영역으로 나눌 수 있다. 그러나 이러한 구분은 전각들이 워낙 많아 배치도를 보거나 극도의 집중력을 가지고 살피지 않는 한 파악하기 힘들다. 실제로 통도사에 진입하면서 다양한 외부 공간의 전개가 인식될 뿐이다. 또한 통도사의 중심 영역은 진신사리를 모신 금강계단이 있는 상로전이다. 그래서 여타의 사찰에서는 중심 건물이 되는 대광명전이 주 동선을 피해 후미진 곳에 밀려 있고, 그 앞의 마당 역시 좁아 중요도가 떨어지는 듯한 느낌을 준다. 이 또한 불보사찰인 통도사가 가지는 특징이라 하겠다.

위, 아래, 뒤쪽 양면/ 통도사는 평지형 사찰인 관계로 수직 방향으로의 공
간 변화는 없다. 대신 수평 방향으로의 공간 전개가 탁월하다. 일주문에서
부터 가장 깊은 곳에 있는 삼성각, 부도탑에 이르기까지 외부 공간이 다양
하게 전개되고 있다. 건물을 효과적으로 배치하고 그 사이로 다양한 공간
의 흐름을 만들었기 때문이다.

위/ 대웅전의 주춧돌. 이것조차도 완벽하게 가다듬지 않고 원주(圓柱)를 받치는 일부만 가다듬었다. 대웅전을 만들면서 면석과 계단, 탱주 받침석에는 정성스럽게 연꽃을 조각했으면서 주춧돌은 최소한의 가공만 했다. 부처님을 위한 법당을 만들면서 인공의 흔적을 적게 남겨 부처님보다도 자연을 닮은 것처럼 보이고픈 의지가 더 강했음을 상징적으로 보여 준다.

가운데/ 대웅전 기단의 면석과 탱주 받침석에 조각된 연꽃 문양. 처마를 받치는 탱주를 수직으로 설치하지 않고 비스듬히 기울였다.

아래 왼쪽·오른쪽/ 통도사 대웅전 계단의 소맷돌 장식. 한쪽에는 피지 않은 연꽃 봉오리를, 다른 한쪽에는 활짝 핀 연꽃을 조각했다. 같은 연꽃이라도 서로 다르게 조각해 다양한 구성을 꾀했다. 장식은 상징적인 의미로 쓰이지만 볼 거리를 풍부하게 하고 다양한 건축 체험을 하게 해주며 건축의 완성도를 높여 준다.

위/ 줄지어 서 있는 통도사의 부도밭은 장엄하
기까지 하다. 가다듬은 돌들을 모아 놓으면 말하
는 돌들이 된다. 국립경주박물관에 모아 놓은 석
물들이 신라 천년을 말하는 것과 같은 이치이다.

아래/ 통도사의 비림(碑林). 부도밭 앞에 있다.

화엄사 華嚴寺

명쾌한 영역 나누기

| 소재 : 전라남도 구례군 마산면 황전리 12 |

화엄사를 생각할 때마다 떠오르는 단어는 지리산이다. 지리산 중턱에 자리한 화엄사는 산의 규모만큼이나 커 사찰의 규모는 산의 규모에 비례한다는 사실을 실감나게 한다. 또한 불전 가운데 중심 건축물인 각황전 역시 산이나 사찰의 규모에 비례해 크다.

화엄사는 배치에 의한 영역 구분이 다른 사찰에 비해 명확하다. 일주문, 금강문, 천황문에 이르기까지 긴 진입 공간을 갖는다. 이곳을 거쳐 보제루를 돌아 들어서면 너른 마당과 함께 사찰 전 영역이 드러난다. 한마디로 그 장면은 장쾌하다. 보제루 앞을 지나 종각 사이로 보아도 그 효과는 마찬가지이다. 또 이 사찰의 배경이 되는 지리산도 그 위용을 드러낸다.

화엄사의 뛰어남은 법당과 법당 이외의 건축물을 양분(兩分)하기 위해 쌓은 석축과, 그로 인해 석축 상하부에 생긴 마당에 있다. 종각·보제루·적조당과 석축 하부로 형성된 아랫마당은 상부의 중심 영역으로 올라가기 위한 중간 단계의 성격이 강하다. 시각적으로 연결은 되지만 바로 도달할 수는 없다. 석축으로 생긴 가파른 계단을 올라야 비로소 법당 영역에 도달할 수 있다. 법당은 각황전과 대웅전을 중심으로 ㄱ자 형태로 나열되어 있고, 대웅전에 비해 상대적으로 큰 각황전과 대웅전의 시각적인 균제를 위해 각황전을 더 뒤에 배치했다. 각황전 옆으로 오르면 승화 공간으로 연기조사가 그의 어머니를 위해 조성했다는 4사자석탑이 있다.

위/ 종각과 보제루 사이로 본 화엄사 전경. 종각과 보제루가 양 옆으로 틀을 형성해 시각적인 안정감을 준다.

아래/ 석축 밑에서 본 화엄사 전경. 일주문, 금강문, 천왕문을 거쳐 보제루를 지나 마당 앞에 서면 석축과 함께 화엄사의 전경이 일시에 드러난다. 진입 동선을 지나자마자 법당이 다 드러나는 특이한 예로 해인사의 법당 구성과 유사한 점이 많다. 화엄사 구성의 핵심이 되는 석축이 있고 그 위에 법당을 나열하듯 배치함으로써 가능했다.

위/ 대웅전 앞의 돌계단은 디딤면이 숨어 있다.

아래/ 대웅전과 명부전 사이로 본 지리산. 국토의 70퍼센트가 산인 만큼 대부분의 건축 부지는 산을 배경으로 하고 있다. 눈이 닿는 곳에 산이 있기 때문에 한국의 산은 한국인의 심성(心性)을 지배하며, 한국인이 만드는 모든 조형물에 직·간접적으로 관여하고 있다. 우리 옛 건축의 지붕선이 주변의 산을 닮을 수밖에 없는 이유가 여기에 있다. 한옥의 지붕선은 한국인의 심성에서도 나오고, 주변과의 조화를 이루려는 의지에서도 나온다.

위 왼쪽/ 각황전 앞의 돌계단은 디딤면이 밖으로 노출되어 있다. 의도적으로 대웅전 앞의 계단과 대비시켜 구성했다.

위 오른쪽/ 석축 밑에서 본 돌계단과 각황전. 돌계단 위에 각황전이 올라 있는 듯한 착시 현상을 일으킨다.

아래/ 석축 밑에서 본 각황전. 대웅전 앞에는 없는 석등을 각황전 앞에 설치해 대웅전보다 중요한 건축물임을 암시하고 있다. 규모로도 건축물의 중요도가 쉽게 인지된다.

아래/ 석축 위에는 각황전, 나한전, 원통전, 대웅
전, 명부전이 나열하듯 순서대로 펼쳐져 있다.
석축 위와 아래를 구분하여 위에 법당을 배치한
결과다.

옆면/ 국보 12호인 화엄사 석등. 규모와 질(質)
에 있어서 한국 최고의 석등이다. 석등 뒤의 대
웅전 지붕선의 흐름이 지리산 산세와 닮아 있다.

위/ 보제루의 기둥. 트위스트를 추듯 원래 모습 그대로이다. 이것을 가다듬어 반듯한 형상의 기둥으로 만들었다면 아마 우리가 눈길을 보낼 일이 없었을 것이다. 우리는 부분 부분 건축물이 보여 주는 색다른 몸짓에 눈길을 보낸다. 부분에서 전체까지 눈길을 모으는 건축물이 되기 위해서는 건축가의 세심한 배려가 필요하다. 그렇지 않으면 관심을 끌지 못하는 평범하고 재미없는 건축물로 남는다.

아래/ 그렝이질이 잘된 보제루 기둥. 주춧돌을 흙으로 바꾸어 생각한다면 기둥은 땅속에서 자란 한 그루의 나무이다. 인공물이 아니라 자연의 일부처럼 보이는 불규칙한 곡선으로 되어 있다.

서원

성균관과 더불어 향교와 서원은 조선시대를 대표하는 교육기관이다. 향교는 정부에서 지방에 설치한 관립학교이고 서원은 조선 중기 이후 지방의 사림(士林)이 설립한 사설 교육기관이다. 향교는 관학기관이었던 만큼 읍성 혹은 살림집이 밀집한 평지에 세워졌으나 서원은 교육적인 효과를 고려해 속세를 떠나 한적한 곳, 주로 산에 자리잡았다.

향교와 서원의 기능은 크게 두 가지로 나뉜다. 교육과 제사가 그것인데 공간 구성 역시 이에 맞춰 양분(兩分)되어 있다. 대성전(서원:사당)을 중심으로 한 사당 영역과 명륜당(서원:강당)을 중심으로 한 강당 영역이 그것인데, 유교의 덕목이 효(孝)와 조상 숭배였던 만큼 사당 영역이 강당 영역에 비해 중요시되었다. 이런 이유로 배치에 있어 평지에 자리한 경우는 먼저 인식될 수 있도록 전면(前面)에 사당이 먼저 배치되고, 구릉이나 산을 배경으로 배치한 경우는 위에 자리한다는 의미에서 뒤에 배치되었다. 전자의 경우를 전묘후학(前廟後學)이라 칭하고, 후자의 경우를 전학후묘(前學後廟)라 칭하는데 대체적으로 향교의 위치는 평지였던 만큼 전묘후학을 따르고 서원의 위치는 경사지였던 만큼 전학후묘를 따르고 있다.

향교와 서원은 그 배치가 단순하다. 대체적으로 정해진 방법에 따라 건축물을 배치하고 공간을 구성하기 때문에 살림집에서와 같이 각기 다른 배치와 공간 구성을 보여 주지는 못한다. 정해진 틀에서 약간의 변형은 있을 수 있어도 전체의 틀을 깨지는 못하는 것이다. 향교 배치의 전형(典型)을 보여 주는 서울 문묘의 경우 평지에 위치해 전묘후학의 법도에 따라 배치되었다. 영역을 크게 두 개로 나누어 전면에 사당 영역을 배치하고, 그 뒤에 강당 영역을 배치하였다. 사당 영역은 중심 후미에 공자의 위패를 모신 대성전을 기단을 높이해 앉히고, 그 좌우로 양립하여 서무와 동무를 배치했다. 서무와 동무에는 중국과 우리나라의 이름 있는 유학자들 위패를 모셨는데 건물 배치로 보면 스승을 앞에 두고 양 옆으로 제자들이 도열(堵列)해 있는 형상이다. 영역의 전면 담장에는 출입구로 외삼문(外三門)을 설치했다.

강당 영역 역시 사당 영역과 배치 방법은 똑같다. 영역의 중심 후미에 기단을 높여 강당으로 명륜당을 배치하고 그 좌우로 양립하여 유생들의 기숙사인 서재와 동재를 배치했다. 그리고 강당 영역과 사당 영역 사이의 담장에는 통행할 수 있도록 협문을 냈다. 이러한 배치 방법은 전국에 있는 모든 향교에 그대로 적용되어 그 틀을 깨지는 못하고 있다.

서원도 강당 영역의 경우는 향교와 거의 같다. 그러나 사당은 배향하는 유현(儒賢)을 한 분만 모시기 때문에 향교와 같이 앞에 양립해 서 있는 동무와 서무가 없어 매우 간결하다. 또한 진입 방법에 있어 병산서원이나 옥산서원과 같이 솟을대문이나 외삼문을 통해 들어서서 누 아래를 지나 강당에 이르는 경우와 도동서원이나 필암서원과 같이 문루(門樓)를 통해 강당에 이르는 방법으로 나눌 수 있는데 어떠한 경우나 정면 중앙에 기단을 높여 강당을 앉히고 좌우에 기숙사로 동재와 서재를 앉히는 방법을 공통적으로 따르고 있다. 사당의 경우 산을 등지고 자리하기 때문에 전학후묘의 법도에 따라 가장 높고 깊숙한 곳에 담장으로 영역을 한정해 앉혔다.

서원은 같은 교육기관이면서도 평지에 자리한 향교에 비해 더 많은 공간의 변화를 일으키며 한국적인 공간 구성을 보여 준다. 이는 서원이 산을 등지고 경사지에 자리하기 때문이다. 5대 서원 가운데 소수서원을 제외한 도산·병산·도동·옥산서원은 산을 등진 경사지에 자리하고 있고 모두 강이나 계곡을 앞에 두고 있다. 도산·병산·도동서원은 낙동강이 굽어보이는 자리를 차지하고 있고, 옥산서원의 경우는 앞에 계곡물이 흐르고 있다. 병산·도동·옥산서원의 경우는 누에 오르면 경관이 열려 강이나 계곡과 함께 앞의 경치가 한눈에 들어온다. 도산서원의 경우도 강당에서 보면 굽이 돌아가는 물줄기는 보이지 않지만 낙동강이 보이는 위치에 있다. 이는 배치상의 이점이요, 공부에 전념하기 위해 산을 택해 서원을 앉힌 결과이기도 하지만 자연을 벗삼아 공부함으로써 공부에 지친 유생들에게 머리를 식히고 재충전할 수 있는 기회를 제공하기도 했다. 또한 강당의 배치에 있어 트인 ㄷ자나 튼 ㅁ자 형식을 취하여 시선이 사방으로 흐르도록 한 점도 공부에 지친 유생들의 머리를 맑게 해주는 역할을 했다.

병산서원 屛山書院

막힘 없는 공간의 흐름

| 소재 : 경상북도 안동시 풍천면 병산동 30 | 사적 제260호 |

병산서원은 만대루(晚對樓)가 있어 아름답다. 이러한 형태의 누는 극히 드문 예로 벽과 문, 창이 없어 시선이 사방으로 통하도록 되어 있다. 단독 건축물의 누로는 종종 보이나 이처럼 건물군의 일부로 있으면서 전체가 다 통하는 누는 극히 드물다. 이는 자연을 향한 열린 눈을 의미하며 부석사 안양루의 아름다움에 비견할 만하다.

병산서원의 전체 배치는 흔히 볼 수 있는 튼 ㅁ자 구성을 따르고 있다. 그러나 그 수법은 가히 신기에 가깝다. 입교당(立敎堂)에 앉으면 강골의 만대루를 통해 시선이 강 건너 절벽에 가 꽂힌다. 누 위로는 물론 누 아래로도 공간이 흐르고 튼 ㅁ자 구성을 하고 있기 때문에 마당을 가로질러 사선으로 교차하여 시선이 흐른다. 경사지인 덕분에 이 시선은 끝없이 연장된다.

또한 각 건물과 담장 사이로도 공간이 흐른다. 강력한 축선을 가지고 있어 복례문과 입교당 대청의 판문을 열고 복례문 앞에 서면 시선은 입교당 뒷마당까지 연결된다. 그리고 서재와 동재의 대청 판문을 열면 열린 판문을 통해 시선이 흐른다. 이는 건축가가 병산서원 주변의 훌륭한 자연 경관과 경사진 부지 조건을 이용해 공간과 시선이 막힘 없이 흐르도록 한 배려이다. 그 중심적인 역할을 만대루가 하고 있다.

위/ 복례문 앞에서 본 병산서원 전경. 강바람을 막기 위해 앞쪽에 방풍림을 심었다.

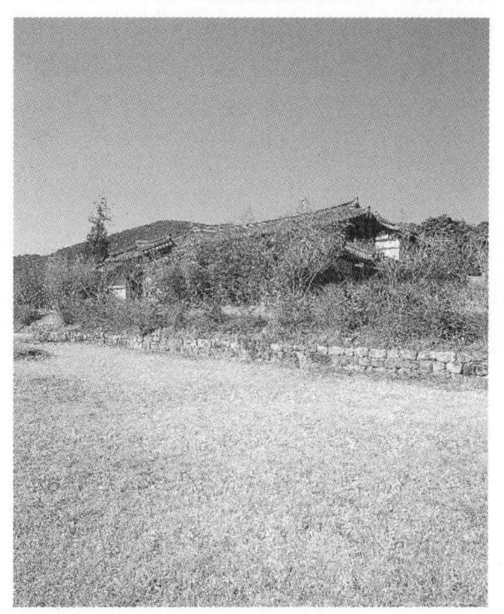

아래/ 서쪽에서 본 병산서원 전경. 아래쪽으로부터 만대루, 동·서재, 입교당 순으로 배치되었다. 만대루는 진입과 여름 학습 공간으로, 동·서재는 유생들의 기숙사로, 입교당은 공부하는 강당으로 쓰였다.

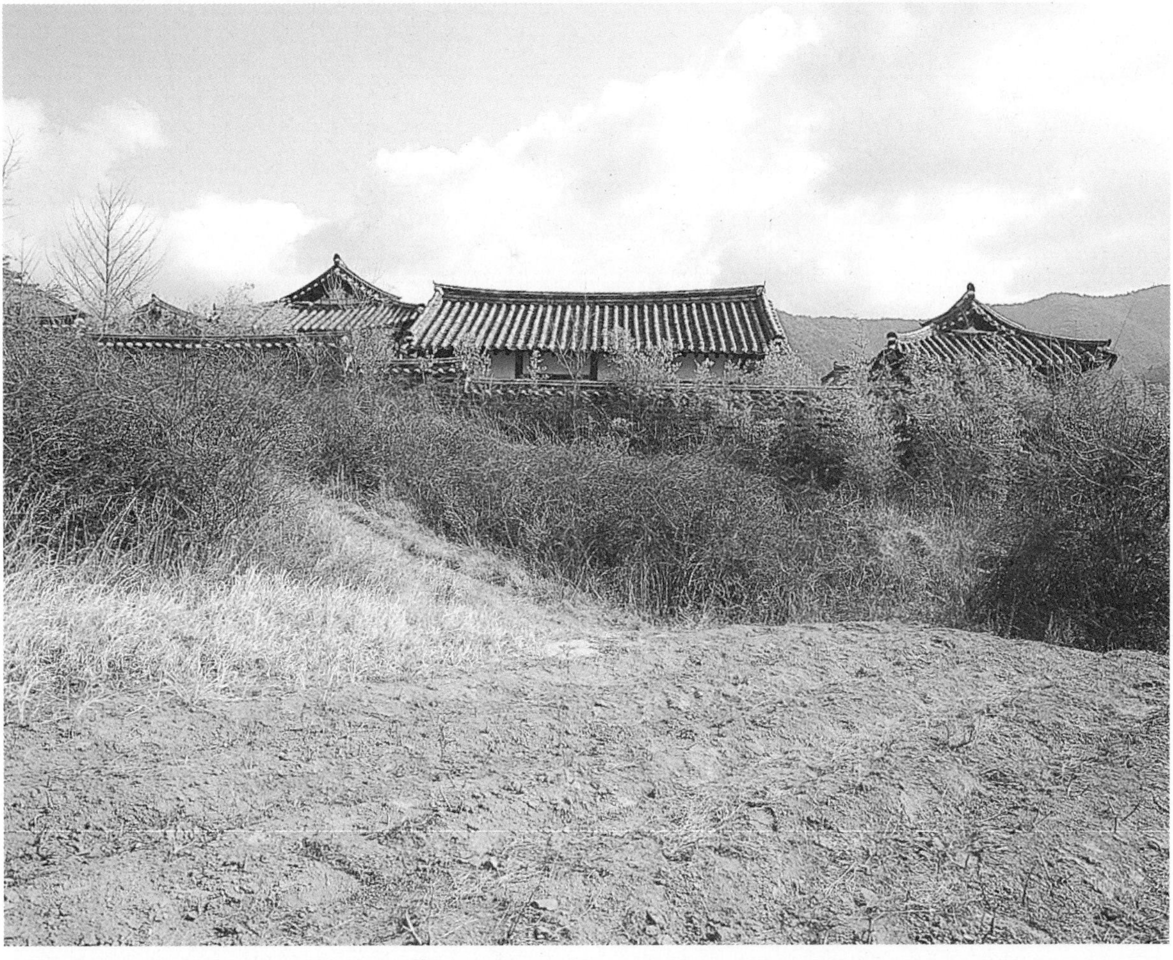

위 왼쪽/ 고직사 앞쪽에서 본 만대루. 1, 2층 모두 기둥만 있고 문과 창, 벽이 없이 목조 뼈대만 강하게 드러냈다. 전체적으로는 카랑카랑한 선비의 기개가 느껴진다.

위 오른쪽/ 전면에서 본 복례문과 만대루. 만대루는 서원의 누로서는 가장 큰 정면 7칸의 장대한 것이다.

아래/ 복례문, 만대루, 입교당이 축선상에 있어 복례문 앞에서 보면 시선이 입교당 뒷마당까지 연결된다. 공간의 연속성과 흐름이 확연히 드러나는데 축선을 이용한 장점 중 하나다.

위/ 만대루 앞 서쪽에 있는 연못. 담장 안팎의 나무와 만대루 앞쪽의 나무들로 인하여 아늑하고 정취 있는 모습이다. 만대루 위에서보다 내려와서 봐야 제 모습을 볼 수 있다.

아래/ 복례문 문틈으로 생긴 빛과 그림자. 건축가가 이런 사소한 점까지 효과적으로 이용한다면 건축주나 사용자 모두에게 재미있고 다양한 건축 체험을 줄 수 있다.

옆면/ 만대루의 아래 기둥들. 목재를 다듬지 않
고 그대로 썼기 때문에 각기 다른 모습을 하고
있다. 가공을 하지 않아 인공의 냄새를 풍기지
않는 우리 옛 건축의 일면을 보여 준다. 또한 획
일성에 대한 거부이기도 하다.

위, 가운데/ 만대루의 주춧돌. 가다듬지 않은 자
연석 그대로의 모습으로 거칠고 투박하여 건축
물의 일부로 보기 힘들 정도이다. 만대루의 주춧
돌들은 사람들이 집을 짓기 위해 그곳에 배치한
것이 아니라 예전부터 땅속에 있었던 바위의 일
부처럼 보인다. 건축물이 인공 구조물이라는 인
상을 지우려 한 의도가 엿보이는, 자연 닮기의
한 예이다.

아래/ 동재의 주춧돌. 주춧돌을 쓸 때 꼭 기둥 크
기에 맞게 쓰는 것은 아니다. 기둥에 비해 황당
하리만치 큰 주춧돌을 비껴 놓았다. 이것 역시
인공의 흔적을 남기지 않아 건축을 자연의 일부
처럼 보이게 한다.

옆면/ 만대루 전경. 1, 2층이 다 트여 시선이 거리낄 것이 없다. 만대루의 가장 큰 장점이다.

위 왼쪽/ 입교당에 앉아서 본 만대루. 만대루에는 문과 창, 벽이 없기 때문에 공간과 시선이 흐르고 흘러 앞에 있는 절벽에 가 꽂힌다. 자리는 차지하되 자연을 차단하지 않는 우리 옛 건축의 특징이 가장 잘 드러나 있다. 만대루의 아름다움은 이러한 공간에 대한 이해에 있다.

위 오른쪽/ 입교당 대청에서 북쪽의 판문을 열고 바라본 모습. 열린 판문 사이로 뒷마당의 풍경이 들어온다.

아래/ 입교당과 서재 사이로 바라본 모습. 튼 ㅁ자 구성을 하고 있어 공간과 시선이 마당을 가로질러 사선 방향으로 끝간데 없이 흐르고 있다.

위 왼쪽/ 입교당의 석축. 석축을 2단으로 구성하여 낮은 쪽은 사람이 통행하고 높은 쪽은 건축물의 기단으로 활용했다.

위 오른쪽/ 전사청의 담 한쪽에 심어 놓은 목백일홍. 수종의 선택과 위치를 효과적으로 택함으로써 건축 전체의 질을 높이고 있다. 조경은 단순한 나무심기에 그치지 않고 최종적으로 건축을 완성시킨다.

아래/ 전사청으로 통하는 문과 담. 계단식으로 경사를 이루며 전개되는 담장, 그 사이의 솟을대문, 한쪽에 심을 목백일홍이 완벽하게 조화를 이룬 모습이다. 병산서원은 공간 부분 부분을 어루만지는 구성력이 뛰어나다.

위/ 기숙사인 서재 배면의 벼락닫이창 모습. 중
인방과 상인방을 수평으로 기둥에 걸고 중인방
위에 목재를 걸쳐 창호를 설치한 모습으로 재미
있는 벽면 구성을 보여 준다. 평면뿐만 아니라
벽면 역시 선형 구성을 하고 있다.

아래/ 기숙사인 동재와 서재는 서로 마주보고
서 있는데 건축물의 평면 및 크기가 똑같다. 단
지 배면의 벼락닫이창의 살 문양과 크기, 창의
위치가 다를 뿐이다. 동재의 창이 정자(井字) 살
에 창의 위치가 낮은 데 비해 서재의 창은 띠살
에 동재의 창에 비해 위치가 약간 높다. 동재의
경우 배면이 고직사에 의해 막혀 있는 데 비해
서재는 탁 트여 있어 창의 위치를 그렇게 조정한
듯싶다.

도산서원 陶山書院

서원 양식을 정립한 최초의 서원

| 소재 : 경상북도 안동시 도산면 토계리 산 61 | 사적 제170호 |

최초의 서원인 소수서원은 1543년 안향(安珦)을 흠모하기 위해 사당을 세우면서 비롯되었다. 최초의 서원이었던 만큼 배치의 체계는 물론 건축적인 위계 또한 갖추지 못했다. 단지 평지에 강당과 사당을 나열식으로 배치했고 사당만 담장으로 구획해 영역을 한정했을 뿐이다.

문인과 유림들이 퇴계 선생 사후인 1574년에 선생이 기거하시며 후학들을 가르치시던 도산서당(陶山書堂)을 중심으로 서원을 세웠다. 도산서당 위에 강당과 사당을 마련한 것이다. 강당을 아래쪽에 사당을 위쪽에 배치해 전학후묘(前學後廟) 양식의 틀을 정립한 것이다. 이는 조상들의 산소를 마을이 내려다보이는 야산에 안치하는 것과 같은 이치로 한국 고건축의 특성이 잘 드러나는 산지형 서원이 나옴에 따라 가능한 일이었다.

도산서원은 건물수에 비해 부지가 좁아 보인다. 그럼에도 불구하고 서원의 기능상 별도의 담장으로 각 건물 영역을 한정함으로써 다소 답답하게 느껴진다. 전교당을 중심으로 한 강당 영역을 제외하면 담장에 의해 형성된 각개의 영역에 건물이 한 채씩 앉아 있는 형국이다. 퇴계 사후에 강당과 사당을 추가하여 서원의 전체 영역을 형성했기 때문에 다른 서원에서는 볼 수 없는 긴 과정적인 공간을 갖는다. 초기의 건물로 추정되는 도산서당 · 용운정사 · 하고직사 사이를 지나 진도문에 이르는 길이 그러한데 이는 증축에 따른 필연적인 결과라 하겠다.

위/ 도산서원 입구와 진도문, 전교당이 축선상
에 있기 때문에 입구에서 보면 전교당 뒷마당까
지 시각적으로 연결된다. 축선을 사용함으로써
나타나는 효과 가운데 하나이다.

아래/ 도산서원을 우측 야산에서 조감한 모습.
부지 크기에 비해 영역이 지나치게 세분화되어
있고 건물 또한 많아 다소 답답한 느낌을 준다.

위/ 도산서원 또한 산에 의지해 위치하고, 산의 경
사를 이용해 건축물을 배치한 탓에 계속해서 계단
을 올라가야 원하는 목적지에 도달할 수 있다.

아래/ 입구를 지나 진도문 쪽을 올려다본 모습.
강당인 전교당에 이르기까지의 통과 공간이다.

위 왼쪽/ 농운정사의 정면 일부. 문과 창이 과도
하리만치 많아 산만한 느낌을 준다. 그러나 안에
들어가서 보면 정연한 배치의 아름다움이 느껴
진다. 문과 창의 틀은 인식되지 않고 살만 인식
되기 때문이다.

위 오른쪽/ 농운정사의 방안에서 2짝의 여닫이
문을 열고 대청을 통해 담장 너머의 나무를 바라
본 모습. 축선을 사용함으로써 얻을 수 있는 효
과로 담장 밖의 나무(자연)를 방안으로까지 끌
어들이고 있다.

아래/ 농운정사는 유생들의 기숙사로 특이하게
공자(工字)형 평면을 하고 있다. 힘써 공부할 것
을 권장하기 위한 평면으로 뒤쪽에는 불을 때는
부엌을, 앞쪽에는 대청을 설치했다. 대청의 앞면
과 측면엔 판문을 설치하여 시선이 자연을 향하
도록 했다. 판문을 열고 왼쪽 대청에서 오른쪽
대청을 바라본 모습으로 문을 축선상에 연결한
탓에 시선 연장 효과가 있다.

아래/ 퇴계 선생의 거처 겸 학습장소로 쓰였던 도산서당의 내부 모습. 벽엔 온통 백색의 벽지를 발라 빛을 효과적으로 수용하고 있다. 백색은 빛을 가장 잘 수용하는 색으로 빛의 농도 변화가 잘 나타난다.

옆면 위/ 농운정사의 내부 모습. 건축에서 문은 사람이 드나드는 곳이고, 창은 내부로 자연을 수용하는 곳이다. 그러나 이러한 단순한 기능을 뛰어넘어 한국 고건축의 문과 창은 햇빛과 달빛을 받아 벽면에 그림을 그렸다. 살을 어떻게 배치하느냐에 따라 벽면에 무한한 변화가 생겼고, 창과 문 앞의 상황과 빛의 변화 여부에 따라 그림의 농도가 변했다.

옆면 아래 왼쪽/ 농운정사의 내부 모습. 문과 창을 대칭되게 배치시킨 모습으로 무척 아름답다. 밖에서 보면 문과 창이 과도하게 배치된 느낌이지만 안에서 보면 그런 느낌은 사라지고 정연하고 간결한 모습이다. 밖의 입면보다 안에서 본 그림에 중점을 두어 입면 계획을 한 결과이다.

옆면 아래 오른쪽/ 농운정사의 내부 모습. 아랫목에서 윗목을 바라본 모습으로 아랫목의 여닫이문이 광창 역할을 하고 있다. 실질적인 통행보다 시각적인 답답함을 해소하기 위한 의도로 보인다.

위 왼쪽/ 하고직사의 내부 창호 모습. 벼락닫이
창과 여닫이문을 T자형으로 누이고 세워서 재미
있는 그림을 만들고 있다. 벼락닫이창이 여닫이
문보다 훨씬 커 한편으로는 이상해 보인다. 대범
하면서도 우직한 발상이다.

위 오른쪽/ 하고직사 대청에서 건넌방을 바라본
모습. 반복되는 모듈(Module)과 문을 축선상에
연결한 탓에 시선이 방을 통해 뒷마당까지 연결
되고 있다.

아래/ 하고직사 마당에서 본 농운정사. 하고직
사는 ㄷ자형 평면을 하고 있는데 전면부가 시각
적인 틀을 형성하면서 아름다운 경관을 연출하
고 있다. 창이나 문을 열고 밖을 바라볼 때와 같
은 현상으로 위아래는 트이고 좌우측만 막은 액
자와 같은 효과를 보고 있다.

위/ 도산서당 입면의 일부.

아래/ 서고인 동광명실(東光明室) 앞 담 모서리.
시각적 허전함을 보완하기 위해 나무를 심었다.

옆면, 위, 아래/ 전교당, 서재, 동재, 진도문을 튼
ㅁ자 형식으로 배치한 탓에 마당을 가로질러 사
선 방향으로 시선이 흐르고 있다. 공간과 시선의
흐름도 흐름이지만 건축물의 측면이 양쪽으로
틀을 형성하면서 시각적인 안정감을 준다.

위/ 강당인 전교당은 정면(正面)이 4칸인데 그 가운데 3칸이 대청이다. 이런 이유로 대청에 앉으면 앞이 탁 트여 시원하다.

아래/ 전교당의 방과 대청 사이에는 벽면 전체를 여닫이문이 가로막고 있다. 분합문으로 들쇠에 걸어 들어올리면 방과 대청이 하나가 되어 완벽하게 소통할 수 있다.

아래/ 전교당 측면을 바라본 모습. 판문을 열고
바라본 모습으로 판문을 열면 대청과 외부 공간
이 자연스럽게 소통된다.

위/ 서광명실과 상고직사의 외담. 담과 문의 구
성이 변화가 있고 재미있다.

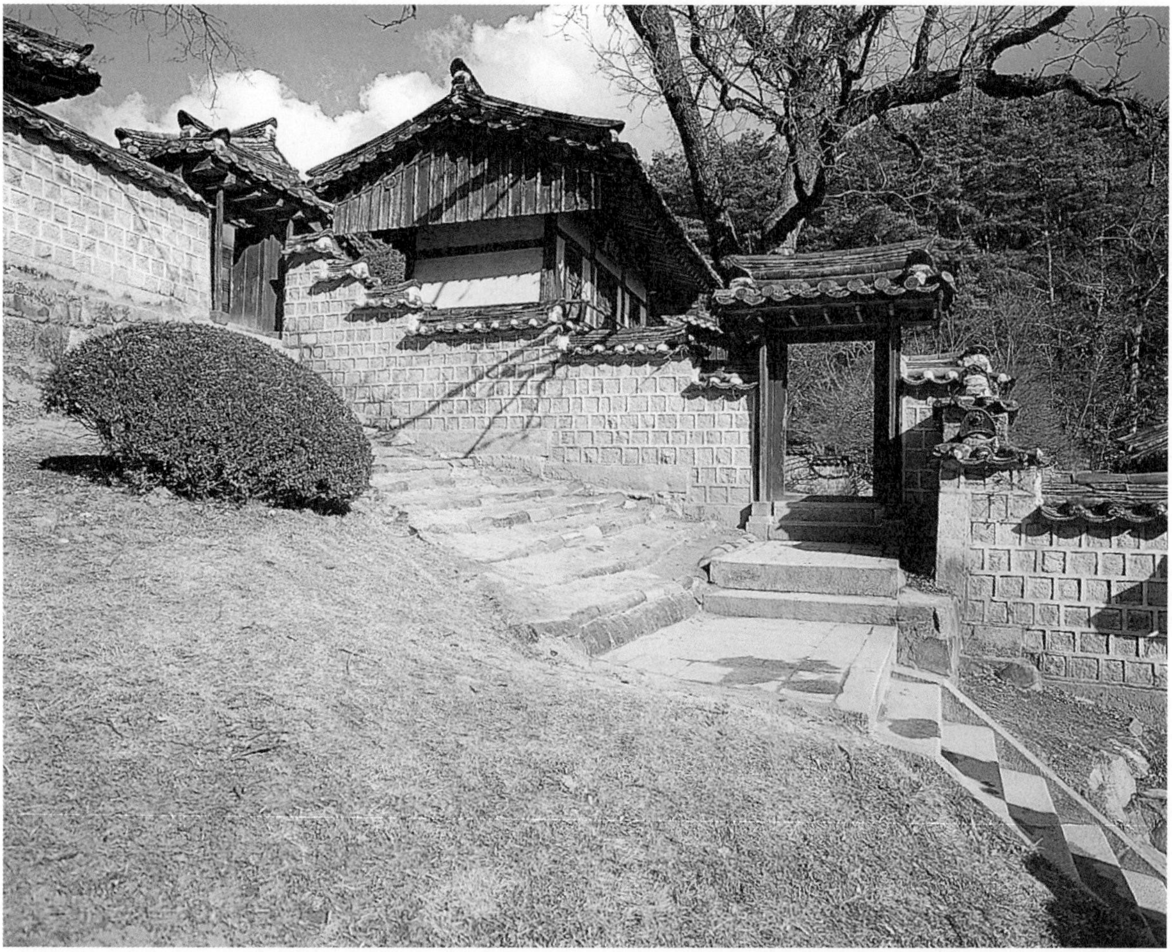

상고직사 대문과 부엌에 난 판문을 열고 안마당
에서 바라본 모습. 열린 문을 통해 자연 경관을
안마당으로까지 끌어들이고 있다. 건축의 공간
은 막히지 않고 열려 있을 때 가장 생명력이 커
진다. 반면에 막혀 차단되어 있으면 공간의 흐름
과 시선이 끊겨 생명력을 잃는다. 생명력 있는
건축을 만들고자 한다면 문이 없는 건축, 문이
있어도 축선상에 있어 공간과 시선에 흐름이 생
기는 건축을 해야 한다.

살림집

살림집은 크게 네 요소로 나누어 생각해 보아야 한다. 택지, 배치 및 구성, 입면 구성, 공간이 그것이다.

살림집은 야트막한 야산이나 평지에 자리잡는데 대표적인 경우가 경주의 양동마을과 안동의 하회마을이다. 양동마을은 지배층인 사대부 살림집들이 야트막한 야산을 배경으로 산등성이에 올라가 있는 데 비해, 하회마을은 낙동강을 배경으로 촌락을 형성하면서 모든 살림집들이 평지에 자리하고 있다. 어떤 경우라 하더라도 가까이 혹은 조금 떨어진 곳에 산이 있어 자연과 격리되어 있지는 않다. 산을 배경으로 자리잡은 때문인데 이는 국토의 70퍼센트가 산인 우리나라의 독특한 지형 조건 덕분이다. 양쪽 다 한국을 대표하는 양반가의 마을이지만 양동마을에 더 많은 한국적인 정취가 배어 있다. 이는 야트막한 야산을 배경으로 할 경우 여러 모로 건축을 구성하는 데 이로운 점이 많기 때문이다.

나지막한 야산을 배경으로 남향하고, 흐르는 물을 앞에 두는 배산임수의 지형을 택할 경우 조건에 따라 차등이 있겠지만 북서풍을 차단해 주고, 봄가을과 겨울에 집 안팎으로 따뜻한 햇볕을 제공받으며, 앞으로는 시원한 조망을 얻는다. 야트막한 야산을 배경으로 하고 있어서 앞뒤 좌우에서 보았을 때 입면상으로 안정감이 있어 보인다. 대체적으로 부지를 정지해 행랑채와 본채의 부지 높이에 차등을 두는 선에서 그치지만, 양동마을의 향단처럼 경사를 적극 활용해 단을 형성하고 그 위에 입면을 구성한다면 변화있는 입면을 만들 수 있다. 그 밖에 부수적으로 경사를 이용해 변화감 있는 담장을 구성할 수 있고, 기존에 있던 집 주위의 수목으로 인해 외부 공간이 더욱 안정감 있어 보인다.

이 밖에도 많은 이로운 점이 있지만 가장 큰 이점은 앞서 지적한 대로 시원한 조망을 얻는 데 있다. 전면이 탁 트여 답답하지 않고, 마을과 들판을 위에서 아래로 굽어볼 수 있으며, 사시사철 자연의 변화를 집안에서 쉽게 감상할 수 있다는 점은 무엇과도 비교할 수 없는 최고의 혜택이라 하겠다. 물론 양동마을의 모든 살림집들이 위와 같은 조건을 다 갖추고, 위와 같은 지형적인 혜택을 누리고 있는 것은 아니다. 그러나 마을을 단위로 따져보았을 때 가장 근접한 유형에 속한다.

배치 및 구성에 있어 유념해야 할 것은 남녀 상하의 구분이다. 유교라는 엄격한 사회제도 때문에 이를 구분하기 위한 뚜렷한 영역이 필요했고, 이를 가르기 위해 담장을 두른다. 최초의 담장은 우리 식구와 남의 식구를 가르기 위해 두르지만, 그 다음은 그 안에서 남녀 상하의 구분을 위해 다시 담장을 두른다. 산 자와 죽은 자를 구분하기 위해 담장을 두르기도 한다. 이에 따라 행랑채, 사랑채, 안채, 사당의 영역이 생겨난다. 담장을 두르지 않을 때는 부지의 높낮이를 달리해 서로의 영역이 다름을 암시한다. 배치는 동선의 진입 순서에 의해서 전면에 행랑채, 개방적인 사랑채, 폐쇄적인 안채, 4대까지의 신위(神位)를 모신 사당 순으로 배열되고 남녀가 유별하여 폐쇄적일 수밖에 없는 안채가 사람이 사는 공간으로서는 가장 깊숙한 곳에 위치한다.

입면상으로는 사람이 사는 살림집이므로 높을 필요가 없어서 수평성이 강조된다. 그래서 상대적으로 높은 굴뚝이나 솟을대문, 집 안팎에 심거나 자라고 있던 나무가 수직 악센트로 작용한다. 그리고 건축 입면상 지붕이 가장 높기 때문에 멀리서나 가까이 다가오면서 가장 먼저 인식되는 것이 담장 위로 솟아오른 지붕이다. 이런 이유로 지붕은 자연을 차단하는 수단으로 쓰이지만 건축에 대한 인식의 부호로도 쓰인다. 또한 지붕선을 주위의 산을 닮은 곡선으로 처리해 배경이 되는 산과의 조화를 꾀했다.

입면에서 또 하나 유의해야 할 것은 사랑채이다. 사랑채는 안채와 한몸으로 있거나, 안채로부터 돌출해 있지 않으면 별채로 구성된다. 그러나 어떠한 경우라도 사랑채가 지닌 그 성격 때문에 안채에 비해 개방적이다. 안채가 ㅁ자형의 평면으로 웅크리고 자신을 감추는 것에 비해 사랑채는 일자(一字)나 ㄱ자형의 평면으로 자신을 쉽게 드러냄으로써 그 전모를 쉽게 파악할 수 있다. 규모가 안채에 비해 작았던 것도 사랑채를 단번에 인식시키는 요인이 된다. 출입 동선상에서도 안채에 비해 먼저 인식되고, 인식이 쉬운 만큼 건축가는 역량을 집결시킬 수밖에 없다. 가부장적인 제도하에서 남성의 권위가 우선시된 데서 생기는 현상일 수도 있다. 또 사랑채는 규모에 비해 너른 대청을 가지는 데 이 대청이 입면상으로 빈 여백을 확연히 드러냄으로써 입면 구성을 시원스럽게 한다. 또한 사랑채는 여름 공간으로 높은 누마루를 겸하는 경우가 대부분이어서 입면에 또 한 번의 변화를 줄 수 있다. 여러 가지 요인으로 인하여 살림집 사랑채를 보고 있노라면 건축가의 역량이 이곳에 집중되어 있음을 느낄 수 있다.

모든 집은 네 개의 입면을 갖는다. 정면, 좌우 측면, 배면(背面)이 그것이다. 사랑채도 역시 네 개의 입면을 갖는다. 그러나 ㅁ자형 평면을 한 안채는 안팎으로 네 개씩, 여덟 개의 입면을 갖는다. 시원한 대청이 있는 안쪽 입면은 개방적이지만 바깥쪽 입면은 다 틀어막혀 있어 답답하다. 사랑채처럼 밖으로 자신을 드러내지 않는다. 속성상 안에서만 자신을 드러낼 뿐이다. 그래서 밖에서 안채를 보고 있노라면 회벽과 널벽, 그 사이사이에 간혹 있는 창호지문과 판문만 보일 뿐 그 전모가 쉽게 파악되지 않는다. 중문을 열고 들어서야 비로소 그 전모가 드러난다. 중문과 대청의 판문을 열어야 공간이 서로 소통되고 아름답다는 걸 인식하게 된다. 이러한 양면성으로 인해 안채의 바깥쪽 입면은 폐쇄적일 수밖에 없고, 결국 입면은 답답하게 처리된다. 건축가 역시 변화를 줄 수 있는 여지가 없어 역량을 발휘할 수 없게 된다. 안채의 속성인 폐쇄성으로 인해 창작 활동의 제약이 크기 때문이다.

담장에 의해 영역을 한정하고 건축물을 앉히면 외부 공간의 분화가 이루어진다. 건물과 건물, 건물과 담장, 담장과 담장에 의해 외부 공간은 잘게 쪼개진다. 쪼개진 외부 공간은 대체적으로 담장에 의해 한정되는데 낮고 단순한 형태의 담장에 의해 형성된 외부 공간은 안정감이 있다. 이런 효과는 담장 안팎의 나무에 의해서 나타난다. 야트막한 야산에 위치한 경우 기존에 자라고 있거나 새로 심어 놓은 나무가 뒷배경을 형성하면서 담장 밖의 허전함을 시각적으로 보완해 안정감을 준다. 이것은 사찰·서원 등 야산을 배경으로 한 건축물에서 공통적으로 나타난다.

또한 건축물을 앉힘으로써 쪼개지거나 막힌 공간을 원래의 모습대로 환원시키는 것을 최대의 목표로 삼는다. 이는 분합문과 걸쇠라는 장치가 있어 가능하며 기능적으로 여름을 시원하게 나고, 방 밖으로의 시원한 조망을 얻고자 함이 그 목적이지만 그 이면에는 공간을 원래의 모습대로 하나로 환원시킴으로써 생명력 있는 공간을 만들기 위함이다. 막히고 차단되어 그 흐름이 멈춘 죽은 공간보다는 내부와 내부, 내부와 외부, 외부와 외부가 서로 통하여 끊임없이 흐르고 시각적으로 연결되어 살아 있는 공간을 만들기 위해 공간 환원을 시도한 것이다. 건축물이 자연 속에서 자리는 차지하고 있지만, 공간만은 서로 통하여 원래의 모습으로 되돌아가기를 바라는 한국인의 자연관이 담겨 있다.

향단 香壇

파격적인 평면, 미로와 같은 살림집

| 소재 : 경상북도 경주시 강동면 양동리 135 | 보물 제412호 |

향단은 일반 사대부 살림집에서 볼 수 있는 ㅁ자형 안채와는 다른 공간 구성을 하고 있다. 향단은 전면(前面)의 행랑채를 제외한 안채의 평면이 보기 드문 일자(日字)형으로 두 개의 중정을 갖는다. 두 개의 중정 가운데 사랑채와 안채 사이에 있는 안마당은 빛을 수용하고, 사랑대청의 판문을 통해 조망을 얻고 안식구들의 통행용으로 쓰인다. 행랑채와 안채 사이의 안마당은 빛을 수용하고, 식사를 준비하는 부엌으로 그리고 집안일을 할 수 있는 실질적인 마당으로 쓰인다. 안채의 안방이 이 두 개의 중정을 가르는 경계를 만들고, 전체적으로 안채의 대청과 곳간이 만든 좁은 통로에서부터 안채의 안마당까지 ㄷ자 형태로 길다랗게 연결되어 있다. 향단이 미로와 같다는 이야기는 어둡고 긴 이 통로에서 기인한다.

향단은 일반 사대부 집의 안채가 ㅁ자형 평면을 가질 때 대청을 뒤에 배치해 열린 마당과 하늘을 통해 조망을 얻는 것과는 다르게 안채의 전면에 대청을 설치했다. 그러나 행랑채의 지붕 때문에 안채의 시선은 막혀 있고, 안마당을 가로질러 사랑채의 판문을 통해 측면으로 시선을 얻도록 구성되어 있다. 이 역시 자유롭지는 않아 문고리는 반대편인 사랑대청 쪽에 있어 안채에서 자유롭게 조정할 수 없도록 되어 있다.

다소 파격적인 평면과 그로 인한 공간 구성이 여타의 사대부집에서는 볼 수 없는 특이한 것으로 끊임없이 호기심을 유발하는 집이다.

위/ 향단은 대문과 사랑채로 통하는 중문이 한
몸으로 되어 있다. 행랑채로 통하는 중문까지 세
개의 문이 한 곳에 집중되어 있는데, 여타의 사
대부 살림집에서 볼 수 있는 솟을대문과는 다른
형태를 취하고 있다.

아래/ 사랑채로 통하는 협문과 향단이라는 이름
의 유래가 된 향나무. 이 향나무는 입구에 대한
인식 부호로 쓰이고 있다.

옆면/ 사랑채 아래 마당에서 본 사랑채 모습. 사랑채로 통하는 중문, 행랑채, 사랑채, 별채 순으로 높이에 따라 건축물이 배열되어 있다. 겹쳐지고 반복되는 지붕선, 건축물과 건축물의 틈새, 비어 있는 사랑대청이 건축 입면 구성에 효과적으로 작용하고 있다.

위 왼쪽/ 별채 뒤의 외부 공간. 대나무 숲을 적당한 거리를 두고 조성한 탓에 대나무 숲과 담장에 의해 형성된 외부 공간이 시원스럽다. 안채 뒷마당의 대나무 숲은 훨씬 근접해 있어 의도한 것임을 알 수 있다.

위 오른쪽/ 별채 측면에서 본 모습. 위에서 아래로 지붕선이 출렁이면서 반복적으로 내려가고 있어 아름다운 운율을 느끼게 한다.

 아래/ 안채의 안마당. 여타의 사대부집에 비해 훨씬 규모가 작다. 사랑대청의 판문을 열어야 시선이 열려 비로소 협소하다는 느낌이 줄어든다.

위/ 중문을 들어서서 안채로 이어지는 미로(迷路) 쪽을 바라본 모습. 행랑채와 안채의 석축으로 이루어진 이 길은 미로가 시작되는 곳이다. 집안에서의 상하 위계를 드러내기 위해 안채의 석축을 고압적으로 높이 쌓았다.

가운데/ 마루방 밑에서 본 부엌과 안마당으로 가는 통로. 향단의 동선은 미로처럼 복잡하여 끊임없이 호기심을 유발한다. 향단 외부 공간의 특징은 이처럼 일반 사대부집과는 다르게 평범하거나 평이하지 않다는 데에 있다.

아래/ 마루방 쪽에서 본 부엌. 부엌 위쪽만 트여 있어 전체적으로 어둡다.

위 왼쪽/ 안채와 헛간 위의 마루방. 수납을 위한
공간으로 부엌 쪽으로 난 계단을 통해 오르도록
되어 있다. 4칸이나 연속되는 큰 공간이다.

위 오른쪽/ 안채 헛간 위의 마루방. 외부로 향한
벽은 회벽으로 구성했으나 안쪽 부엌으로 향한
벽은 막지 않고 뾰족한 살을 꽂아 공간을 한정했
다. 바람이 잘 통하게 하는 것은 물론 안쪽 부엌
이 꽉 막혀 있는 듯한 답답한 느낌을 해소하기
위한 조처로 보인다.

아래 왼쪽/ 안마당을 사이에 두고 아랫방에서
안채의 대청마루 쪽을 바라본 모습. 축선의 효과
가 명쾌하게 살아 있지는 않지만 문과 문을 통해
시선이 흐르도록 공간 구성이 되어 있다.

아래 오른쪽/ 사랑채 툇마루에서 판문을 열고
별채를 바라본 모습. 사랑대청의 판문은 사랑대
청 쪽에서 열고 닫도록 되어 있어 안채에서 살림
하는 안주인의 밖으로 향하는 시선을 바깥주인
이 통제한다.

위 왼쪽/ 향단 안채의 전면. 행랑채의 지붕이 앞을 가로막아 살림하는 안주인의 시선을 차단하도록 되어 있다.

위 오른쪽/ 안채의 대청.

아래/ 안채의 난간이 보여 주는 그림자놀이. 난간 그 자체는 사람의 추락 방지가 목적이지만 이처럼 의외의 재미를 제공하는 것이다.

관가정 觀稼亭

명쾌한 축선의 흐름

| 소재 : 경상북도 경주시 강동면 양동리 150 | 보물 제442호 |

관가정은 마을 진입로에서 가장 먼저 인식될 수 있는 위치에 있고 마을 들판을 잘 굽어볼 수 있는 곳에 자리하고 있다. 관가정(觀稼亭:농사 짓는 들판을 굽어보는 집)이란 사랑채 이름이 이를 말해 준다.

관가정은 특이하게 행랑채가 없다. 원래는 있었던 것이 후대에 소실되었으리라 추정되는데 이는 사대부집의 대문으로 사주문(四柱門)이 사용된 점을 들 수 있다. 사주문은 주로 독립된 사당의 문이나 대문을 지나 안채나 사랑채로 가기 위한 중문으로 쓰였기 때문이다. 이렇게 보았을 때 현재의 담장터에 행랑채가 있었을 것으로 추정되고, 현재 누마루가 있는 사랑채의 반대편 건물은 작은 사랑채로 봄이 타당하다.

관가정의 전체적인 느낌은 소박하다. 사당을 제외한 모든 건물이 한몸으로 되어 있어 유기적으로 연결되고 전체적으로는 ㅁ자형 안채에 좌측으로 누마루가 있는 큰사랑채, 우측으로 작은사랑채를 날개 달듯이 붙여 놓은 형상이다.

사랑채의 일부는 대청과 누가 조합된 형태로 전면의 바닥을 일부 낮추어 누마루의 형태를 냈는데 좌측면에서 보았을 때 입면상으로 시원한 효과를 낸다. 관가정은 축선의 효과가 가장 잘 드러난 살림집으로 남북 방향으로는 대문·중문·대청의 판문이, 동서 방향으로는 동쪽의 협문과 부엌문이 축선상에 있어 공간과 시선의 흐름을 만들고 있다.

위/ 안채로 통하는 중문을 중심으로 큰사랑채와 작은사랑채로 나뉜다. 지붕 위의 합각을 작게 처리해 전체적인 인상이 날렵하다.

아래/ 관가정의 대문. 여타의 사대부 살림집에서 볼 수 있는 행랑채나 대문간이 딸린 솟을대문과는 다르게 사주문을 대문으로 쓰고 있는 특이한 예이다. 뒤로 사랑채의 지붕이 보인다.

옆면/ 사랑채 전경. 누마루를 반만 처리한 특이한 예로 사랑채가 대문과 인접해 일자로 뻗어 있다.

위/ 사랑채와 안채의 측면, 사당, 담으로 형성된 사당 앞마당은 안정감이 있다. 담 안팎의 나무로 인해 더욱 그러하다.

아래 왼쪽/ 안채의 동쪽 부엌문. 부엌의 판벽과 판문 위에 살창을 구성해 부엌 안으로 빛을 수용함과 동시에 연기 등이 자연스럽게 배출되도록 했다.

아래 오른쪽/ 큰사랑채의 누마루에서 사랑방 쪽을 바라본 모습. 사랑방과 누마루 사이를 세 짝의 여닫이문으로 막고 있다. 분합문으로 걸쇠에 걸어 들어올리면 누마루와 사랑방이 완벽하게 소통되고 누마루 · 사랑방 · 침방 순으로 공간에 흐름이 생긴다.

위/ 중문 앞에서 본 안채. 대청에는 판문이 세 개
나 있는데 중문과 판문을 열면 공간이 통한다.
우리나라 살림집의 안채가 가지는 공통적인 특
성으로, 안채는 폐쇄적인 관계로 안으로 들어서
야 비로소 그 아름다움이 인식된다.

가운데/ 안채 대청에서 바라본 대문과 중문. 관
가정은 축선 사용이 가장 뛰어난 살림집으로 대
청에서 대문 밖까지 시선이 연결된다.

아래 왼쪽/ 대청을 가로질로 안채의 건넌방에서
안방 쪽을 바라본 모습. 방은 하나인데 나무의
결구를 다르게 짜 크고 작은 문을 두 개 냈다. 변
화와 구성의 아름다움을 느끼게 해주는 벽면이
다. 대청과 면한 안방의 문을 분합문으로 하지
않고 한 짝의 여닫이문으로 처리한 보기 드문 예
이다.

아래 오른쪽/ 대청을 가로질러 안채의 안방에서
건넌방 쪽을 바라본 모습. 안방의 벽면과 비슷한
구성을 하고 있으나 결구 방법과 문의 위치에 차
등을 둬 다른 입면을 보여 주고 있다.

작은사랑채에서 안마당을 가로질러 본 안채의
대청. 대청의 판문과 사랑채의 문을 일직선상에
두어 바람뿐만 아니라 시선도 통하도록 했다.

손동만 가옥 孫東滿 家屋

사랑 앞마당이 아름다운 집

| 소재 : 경상북도 경주시 강동면 양동리 223 | 중요민속자료 제23호 |

월성 손씨(月城孫氏)의 대종가로 입향조(入鄉祖)인 손소(孫昭, 1433~1484년)가 지은 집이다. 집터를 고를 때 기름진 땅에서는 큰 인물이 나지 않는다는 풍수에 따라 산비탈에 자리잡았다. 입향조가 손소였던 만큼 양동마을에 있는 살림집 가운데 가장 오래된 집으로 조선 초기의 것이다. 조선 초기의 살림집인 만큼 대문을 여타의 사대부집처럼 솟을대문으로 하지 않고 평대문으로 처리했고, 대문 주위의 담장을 만입시켜 자연스럽게 대문에 진입토록 했다. 마당 한쪽에는 손소가 처음으로 터를 잡았을 때 심은 향나무가 지금도 자라고 있다.

배치 및 구성은 지극히 간단하다. 일자형의 행랑채와, 그뒤의 안채와 사랑채가 한몸으로 된 ㅁ자형 본채가 있다. 본채는 안채가 대부분이고 대문을 마주한 모서리를 사랑채로 쓰고 있다. 이런 이유로 대문을 들어서면 바로 근접해 있는 사랑대청을 마주하게 되어 다소 당혹스럽다. 하지만 오른쪽으로 널따란 사랑 앞마당이 열려 있어 이러한 당혹감을 감소시킨다. 대문을 넘어 왼쪽으로 들어서면 안채로 통하는 중문에 이르고, 오른쪽으로 들어서면 사랑 앞마당에 이른다.

손동만 가옥은 사랑 앞마당과 안채의 뒷마당이 아름답다. 특히 사랑 앞마당은 본채와 사당, 담장, 담장 안팎에 심은 나무들로 인해 살림집 앞마당으로서는 가장 안정감 있고 아름답다. 야트막한 야산을 배경으로 집터를 잡아서 생기는 장점 중의 하나다.

위 왼쪽/ 마당 위에서 본 전경. 마당 밑에서 본 모습과는 전혀 다르다.

위 오른쪽/ 안채로 통하는 통로. 행랑채와 본채의 기단 높이를 달리해 건물간의 위계를 뚜렷이 했다.

아래/ 마당 밑에서 본 전경. 입면의 전체적인 느낌이 견실하다.

위, 아래/ 기단 밑과 위에서 본 사당 앞마당. 건
축의 기단이 마당으로 이어져 높이 차이에 의해
마당을 둘로 나누고 있다. 위쪽은 사당 앞마당으
로, 아래쪽은 사랑 앞마당으로 쓰인다. 야산을
배경으로 한 탓에 주위에 수목이 울창하고 외부
공간 역시 안정감 있다.

위/ 담장 밖에서 본 향나무. 향나무의 수령과 크기가 짐작된다. 향단의 향나무보다 크고 수령도 많다.

아래 왼쪽 · 오른쪽/ 사랑채의 대청 난간. 대수롭지 않게 고인 주춧돌과 동바리에서 한국인의 열린 사고와 역동성을 읽을 수 있다. 투박하지만 힘있고 다듬지 않은 각기 다른 모양의 나무를 쓰기 때문에 매번 틀에 박히지 않은 새로운 모습을 보여 준다. 건축 입면만큼이나 난간도 견실하다.

양진당 養眞堂

엄숙한 얼굴의 사랑채

| 소재 : 경상북도 안동시 풍천면 하회리 729-4 | 보물 제306호 |

양진당은 풍산 류씨의 대종택으로 행랑채 · 사랑채 · 안채가 한몸으로 되어 있는 특이한 형태를 취하고 있다. 사랑채와 안채가 한몸으로 되어 있는 경우는 흔하나 행랑채까지 한몸으로 구성되어 있는 경우는 흔치 않다. ㅁ자형 평면의 안채에 양립하여 바깥쪽에는 행랑채가 안쪽에는 사랑채가 덧붙여진 형상을 하고 있다.

대문으로 들어가기 전에 담장으로 형성된 행랑채 앞의 너른 앞마당을 진입 공간으로 만난다. 여기에서 사랑채와 안채로 들어가는 문이 분리되는데 정면으로 난 솟을대문을 들어서면 사랑 영역이 나타나고, 좌측에 난 일각문(一脚門)을 들어서면 안채에 이르는 중문에 도달하게 된다. 이처럼 진입부에서 대문을 통하지 않고 안채로 통하는 별도의 문을 낸 것은 아낙네들이 굳이 사랑 영역을 통하지 않고 자유롭게 안채로 드나들 수 있도록 한 배려이다. 충효당에서 아낙네들이 뒷마당을 통해 안채로 직접 통할 수 있도록 협문을 낸 것과 같은 이치다.

대문을 들어서면 입면이 높고 엄숙한 표정의 사랑채를 만난다. 충효당의 대청 전면에 문이 없는 것과는 달리 정면 3칸에 4짝 분합문을 단 것이 입면을 다소 딱딱하게 만든 요인이다. 사랑채는 전면 5칸, 측면 2칸으로 5분의 2는 온돌방으로 꾸미고 나머지 5분의 3은 대청으로 꾸몄다. 방에 비해 다소 큰 대청은 3면에 분합문과 판문을 달아 문을 다 열었을 경우 완벽에 가까운 공간 환원을 이룬다.

위 왼쪽/ 안채와 사랑채의 합각선이 이어지면서
유려한 선을 연출했다.

위 오른쪽/ 안채에서 사랑채로 이어지는 동선.

아래/ 앞마당에서 본 사랑채 전경. 사랑채 오른
쪽으로 담장이, 왼쪽으로 안채가 연달아 있어 사
랑채의 영역을 자연스럽게 한정하고 있다. 사랑
채와 안채로 이루어진 입면 구성이 안정감 있고
외부 공간 역시 행랑채 · 안채 · 사랑채 · 담장이
사면을 감싸면서 남 · 서 · 북쪽 면을 막고 동쪽
면을 열어 짜임새 있다.

위 왼쪽/ 대청에서 바라본 사랑방. 대청에 면한
사랑방에 3짝 분합문을 설치해 걸쇠에 걸어 들
어올릴 경우 대청과 사랑방이 완벽하게 소통되
도록 구성되어 있다. 전형적인 사대부집 사랑채
모습이다.

위 오른쪽/ 사랑방에서 대청 쪽을 바라본 모습.
분합문 3짝을 걸쇠에 걸어 들어올린 모습으로
사랑방과 대청이 시원스럽게 통해 있다. 대청의
정면 3칸은 4짝의 분합문을 설치했으나 측면과
배면은 판문으로 되어 있다.

가운데/ 사당 앞에서 본 사랑채 전경. 앞의 솟을
대문과 상당한 거리를 두고 사랑채가 자리하고
있어 공간의 깊이가 깊고 완충 효과 역시 크다.

아래 왼쪽/ 안채의 평대문 앞에서 협문 쪽을 바
라본 모습. 대문 옆에 협문을 내 바깥마당을 통
하지 않고 안채로 들어갈 수 있도록 했다.

아래 오른쪽/ 사랑 뒷마당에서 사당 쪽을 바라본
모습. 다른 사대부 살림집과는 다르게 사당이 두
채인데, 류중영(父)과 류운룡(子) 선생을 불천위
(不遷位)로 모셨다. 부자(父子)를 한 사당에 같
이 모실 수 없다 하여 두 채의 사당이 세워졌다.

충효당 忠孝堂

친근한 얼굴의 사랑채

| 소재 : 경상북도 안동시 풍천면 하회리 656 | 보물 제414호 |

충효당도 양진당과 같이 ㅁ자형 안채에 사랑채가 붙어 있는 형상이다. 그러나 양진당과 다른 점은 사랑채가 전면으로 나아가 있는 점과, 행랑채가 독립되어 있다는 점이다.

대문을 들어서면 사랑대청을 마주하게 된다. 그런데 대청을 바로 맞닥뜨리는 데다 공간의 깊이가 없어 다소 당혹스럽다. 대청의 판문을 통해 시선이 뒷마당까지 연결된다는 점 외에는 완충 장치가 없다. 많은 점에서 양동의 손동만 가옥과 비교된다.

이처럼 대문과 사랑대청을 축선상에 두어 서로 마주보게 한 것은 사랑 앞마당의 깊이가 너무 없는 데서 기인한다. 행랑채는 류성룡의 8대손인 류상조가 병조판서를 제수받고 불시에 닥칠 군대를 맞이하려고 급조한 건물이라고 하니 사랑 앞마당이 지나치게 깊이가 없는 이유가 여기에서 기인한 것 같다. 또한 대문 앞에 다른 사대부집에 비해 유독 넓은—담장으로 구획하면서까지 만든—앞마당을 확보하면서까지 후대에 만든 행랑채를 앞으로 밀지 못한 점은 앞마당을 군사들의 대기 장소로 쓰기 위한 조처였던 것으로 추정된다. 이유야 어떻든 사랑 앞마당이 지나치게 좁아 대문과 대청을 축선상에 놓고 들어오면서 볼 때는 시선을 사랑 뒷마당까지, 안에서 볼 때는 대문을 넘어 낙동강 강변까지 연장함으로써 답답함을 해소하려 했던 것 같다.

충효당의 사랑채는 양진당에 비해 엄숙하지 않고 친근감이 있다. 기단이 높지 않고, 사랑 입면 역시 높지 않으며, 양진당에 비해 대청 전면에 분합문을 달지 않아 항시 열려 있는 점이 양진당에 비해 친근한 인상을 준다.

위 왼쪽/ 대문과 사랑대청이 축선상에 있어 대문 앞에 서면 시선이 사랑채 뒷마당까지 연결된다. 사랑의 대청에서도 마찬가지의 효과가 나타난다. 이는 열린 대문을 통해 시선을 강변 쪽으로 연장함으로써 앞마당이 너무 좁은 데서 오는 답답함을 해소하기 위한 방편인 듯하다.

위 오른쪽/ 충효당의 사랑채는 대청을 사이에 두고 큰사랑방과 작은사랑방으로 영역이 나뉘어져 있다. 큰사랑방 쪽에서 작은사랑방 쪽을 바라본 모습으로 한 칸은 방으로 쓰고 한 칸은 막아서 앞쪽으로 작은사랑방의 대청으로 쓰고 있다.

아래/ 사랑채 전경. 충효당의 사랑채는 양진당의 사랑채에 비해 입면이 길다. 기단이 낮고, 전면 2칸의 대청에 분합문을 설치하지 않아 항상 열려 있어 양진당 사랑채에 비해 친근감이 더하다.

위 왼쪽/ 사랑대청에서 작은사랑방의 대청 쪽을
바라본 모습. 대청 쪽으로 난 두 짝의 여닫이문
을 닫으면 영역이 완전 구분되지만 이처럼 열어
놓으면 동선이 자유롭게 통할 뿐만 아니라 시선
도 마당까지 연결된다.

위 오른쪽/ 작은사랑방의 대청에서 바라본 모
습. 큰사랑방의 아랫목에서 시작된 동선이 대청
을 거쳐 작은사랑방의 대청을 지나 오른쪽으로
꺾여 연장되고 있다. 작은사랑방의 주 출입구는
대청 쪽이 아니라 남향으로 난 한 짝의 여닫이문
이다.

아래/ 안마당에서 본 안채의 일부. 수납을 위해
안채의 입면이 사랑채에 비해 훨씬 높다.

북촌댁 北村宅

강변으로 치닫는 뒷마당

| 소재 : 경상북도 안동시 풍천면 하회리 706 | 중요민속자료 제84호 |

북촌댁은 양진당이나 충효당과는 다르게 ㅁ자형 평면에 안채와 사랑채가 같이 있다. 양동의 손동만 가옥처럼 안채의 일부를 사랑채로 쓰는 셈인데 전면의 부엌을 중심으로 작은사랑과 큰사랑으로 나뉜다.

특이한 것은 별채의 배치이다. 본채와 직교해서 배치하지 않고 틀어서 배치한 것이다. 뒤쪽보다 앞쪽을 열어서 배치했는데 이는 대문에 들어섰을 때 사랑 앞마당이 보다 넓어 보이는 효과를 가져온다. 또한 별채 앞마당도 넓어 보이고, 사당 방향으로 보았을 때 뒷마당으로 난 일각문을 향해 투시도적인 효과를 낸다. 그러나 본채와 별채의 길이가 길지 않고 벌린 각도가 약해 그 효과는 미미하다. 별채를 틀어서 배치함으로써 별채 뒷마당의 안쪽이 넓어지고 좁아진 뒷마당의 입구로 인해 굳이 문을 달지 않아도 뒷마당의 영역이 자연스럽게 한정된다. 또한 본채의 사랑쪽에서 문간채와 별채의 틈새로 보는 시야가 넓어져 시원한 감을 준다.

북촌댁의 아름다움은 이와 같은 외부 공간의 구성에 있는데 이는 뒷마당으로 연결된다. 뒷마당은 안채의 배면과 사당이 튼 각도가 같을 뿐 텃밭의 경계를 이루는 담장, 별채의 측면이 각기 각도를 달리하면서 외부 공간을 한정하고 그 한정된 외부 공간은 궁극적으로 트인 강변으로 치닫는다. 안채 배면과 텃밭의 경계를 이루는 담장, 사당 측면이 틀을 형성하면서 일차적으로 외부 공간을 한정하고, 안채와 별채 측면, 사당의 전면이 틀을 형성하면서 이차적으로 외부 공간을 다시 한정한다.

위/ 마당에서 본 사랑채. 가운데 문을 열고 들어
서면 안채로 연결된다. 문을 중심으로 작은사랑
채와 큰사랑채로 나뉜다.

아래 왼쪽/ 하회 북촌댁의 토담과 감나무. 하회
마을은 돌 구하기가 쉽지 않아 다른 곳에 비해
유별나게 토담이 많다. 감나무는 과실수로뿐만
아니라 조경수로도 쓰이는데 제멋대로 뻗은 나
뭇가지로 인해 가을과 겨울에는 더욱 운치 있다.

아래 오른쪽/ 마당에서 본 사랑채와 안채의 동
쪽 측면. 사랑채와 안채가 한몸으로 되어 있는데
사랑채에 비해 뒤에 있는 안채가 훨씬 크다. 하
회에서 볼 수 있는 공통적인 특징으로 상부를 수
납 공간으로 쓰기 위해서이다.

위/ 사랑채와 안채의 측면과 별채가 마당을 사이에 두고 적당한 각도로 벌어져 있다. 담을 넘어 외부로 향하는 사랑채의 시선을 자유롭게 하려고 별채를 틀어서 배치한 때문이다. 가운데 보이는 중문은 사당으로 통한다.

아래/ 안채의 부엌 모습. 환기를 위해 창호지를 바르지 않은 광창(光窓)과 옹이 구멍, 널빤지 사이의 틈새가 어우러져 하나의 그림을 연출하고 있다.

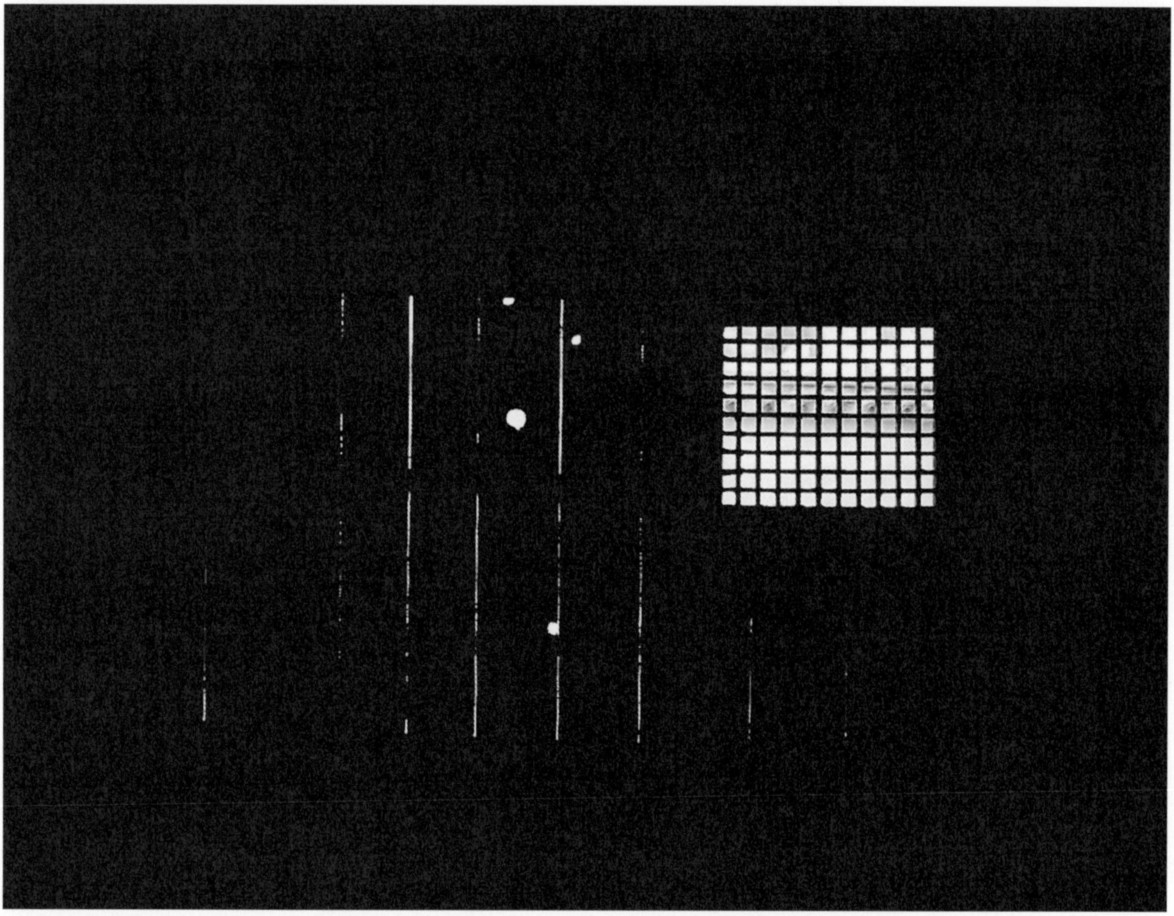

위 왼쪽/ 안채 뒤의 굴뚝. 안채의 규모에 비해 작
아 보이지만 돌과 폐기와, 흙을 이용하여 재미있
게 구성했다.

위 오른쪽/ 안채 뒤의 뒷마당. 뒷마당은 사당 앞
까지 이어지는데 텃밭의 경계를 만들기 위해 세
운 좌측 토담, 우측의 안채 배면, 앞쪽의 사당에
의해 외부 공간이 적당히 막히고 적절히 열리면
서 시선과 동선이 낙동강 방향으로 꺾여 흐르도
록 유도되었다. 사대부집 뒷마당 가운데 가장 아
름답다.

아래/ 뒷마당에서 본 안채 전경. 북촌댁의 뒷마
당은 여타의 사대부 살림집처럼 맨땅으로 두지
않고 잔디를 심었다. 봄·여름에는 초록색을, 가
을·겨울에는 노란색을 띠는 이 잔디는 뒷마당
의 외부 공간과 더불어 지극히 아름답다. 또한
건축물의 배경이 되어 전체적으로 깔끔하고 정
겨운 인상을 준다.

선교장 船橋莊

쾌활한 성격의 활래정

| 소재 : 강원도 강릉시 운정동 431 | 중요민속자료 제5호 |

강릉 선교장은 배치 및 공간 구성이 평이하다. 대나무와 소나무가 밀집한 야트막한 야산을 배경으로 하고 있어 건축물들이 선형으로 길게 나열되어 있다. 대지주였던 이유로 사대부 살림집으로는 가장 긴 행랑채를 보유하고 있기도 하지만, 건물 배열을 길게 늘어놓은 탓에 그에 맞춰 구성된 행랑채가 유독 길다.

진입로에 들어서면 방형(方形)의 연못에 ㄱ자형 정자인 활래정(活來亭)을 만난다. 살림집으로는 보기 드문 예로 보통은 연못을 파 석가산을 꾸미는 정도인데 선교장의 경우는 정자까지 앉혔다. 이 정자는 마루와 온돌방을 조합하여 여름 공간과 겨울 공간까지 둘 정도로 규모가 크다. 입면 또한 견실해서 극히 아름다운 형태로 선교장의 실질적인 이미지는 입구에서 만나는 쾌활한 성격의 활래정에 있다.

행랑채 앞에 이르면 사랑채로 통하는 솟을대문과 안채로 통하는 평대문을 만난다. 본채는 좌측에서부터 사랑채인 열화당, 바깥주인의 서재인 서별당, 안채, 바깥주인의 휴식처인 동별당 순으로 나열되어 있고 서별당과 안채 사이를 담장으로 막아 사랑채 영역과 안채 영역을 구분하였다. 사랑채인 열화당 앞의 행랑채 일부는 식솔들이 많아 작은사랑으로 썼다.

건축물들이 나열형으로 배열되어 있어서 한눈에 다 들어와 은밀한 맛이 없고, 외부 공간이 다양하게 분화되지 못해 다소 밋밋한 느낌을 준다.

옆면/ 입구에서 본 선교장 전경. 진입하면서 만나게 되는 연못가의 활래정이 인상적이다.

위/ 안쪽에서 본 활래정. 평면이 ㄱ자형으로 일부는 땅 위에, 일부는 연못 위에 자리하고 있다. 온돌과 마루로 나누어 겨울 공간과 여름 공간으로 구분했다.

아래/ 입구 쪽에서 본 활래정. 뒤쪽으로 행랑채와 대문이 보여 시각적으로 연계되어 있다.

위/ 밖에서 본 동별당(東別堂).

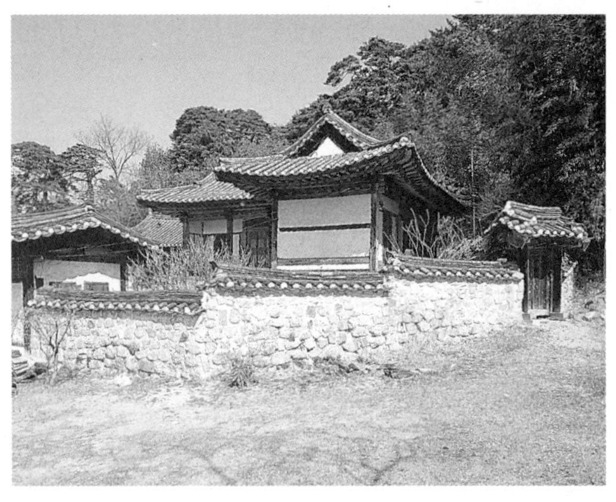

아래/ 언덕 위에서 본 강릉 선교장. 노송과 대나무 숲을 배경으로 일자로 길게 나열되어 있는 형상이다.

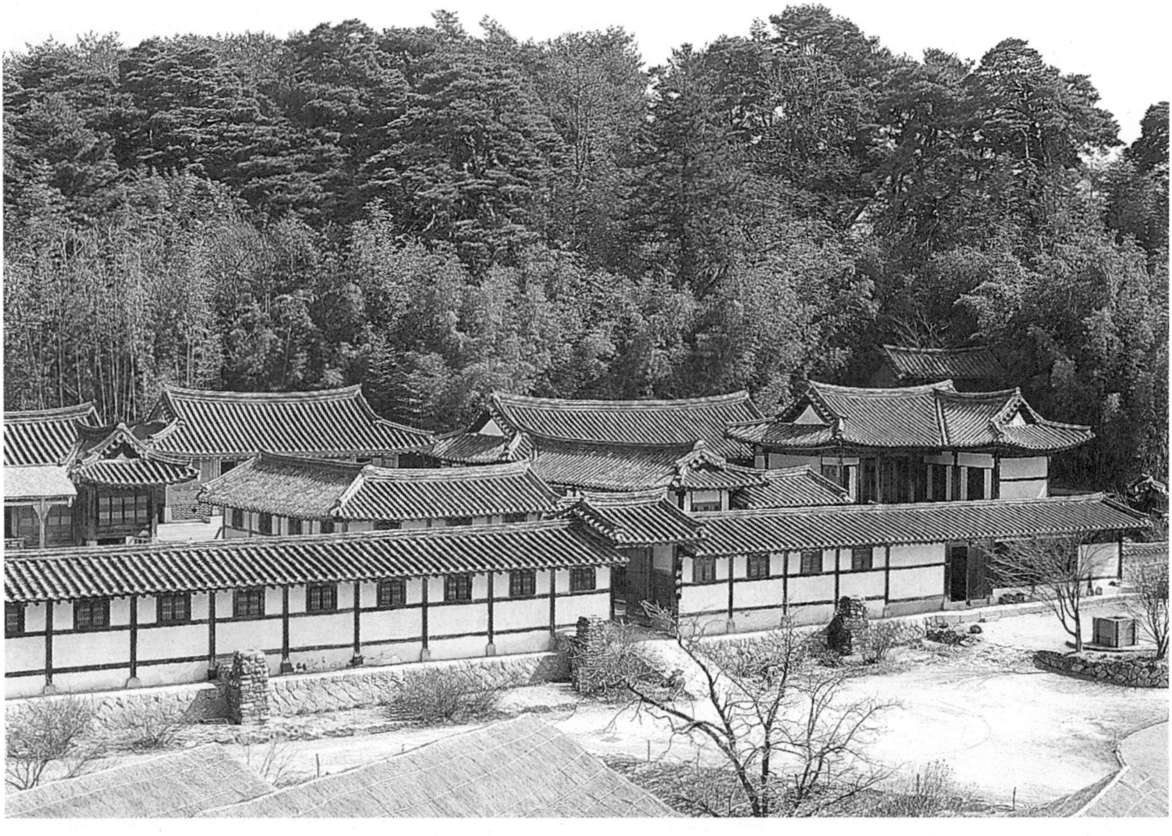

위/ 사랑행랑채 앞에서 안채 쪽을 바라본 모습. 높고 낮은 지붕선들이 모여 조화를 이루고 있다.

아래 왼쪽/ 안채로 이어지는 평대문을 들어서서 안채 쪽을 본 모습. 또 하나의 중문을 지나야 비로소 안채로의 진입이 가능하다.

아래 오른쪽/ 사랑행랑과 작은사랑 사이의 샛문.

위/ 대문을 들어서서 본 사랑채 쪽 모습. 행랑채와 작은사랑채, 사랑채가 튼 ㅁ자 형식으로 배치되어 있다.

왼쪽 위/ 작은사랑채 앞의 섬돌. 투박하지만 재미있게 구성했다.

왼쪽 아래/ 사랑채 누마루의 돌기둥. 그 자체를 주춧돌로 쓰지 않고 특이하게 돌기둥 밑에 주춧돌을 고였다.

오른쪽 아래/ 작은사랑채 앞에서 대문과 안채 쪽을 본 모습. 어느 쪽으로 보아도 대나무 숲과 노송이 배경이 되기 때문에 안정감이 있다. 지붕의 변화가 다양하다.

단순한 배치, 세밀한 치장

| 소재 : 충청남도 예산군 신암면 용궁리 799-2 | 충청남도 지방유형문화재 제43호 |

추사 김정희 선생의 고택은 여러 모로 보아 의외다. 건축물 자체는 기품이 있고 건실하나 배치와 외부 공간 구성, 동선에 있어 여타의 사대부 살림집과는 다르게 아마추어 정도의 수준을 보이고 있다. 야트막한 야산을 배경으로 사방으로 담장을 두른 건 같으나 마당 중심 가까운 곳에 사랑채와 안채를 별 의도 없이 덩그렇게 갖다 놓은 형국이다. 담장과 건축물로 외부 공간을 잘게 잘라 분화시키고 한정하는 사대부집과는 그 구성이 다르다. 평이한 진입과 외부 공간 구성에서 배치상 원래의 모습이 아닌 걸로 추정할 수 있다.

가장 이상하게 보이는 건 외부와의 경계를 이루는 담장 안에 별도의 담장이 없다는 점이다. 통상적으로 남녀의 내외, 상하의 구분을 위해 담장이 발달한 것이 우리네 사대부의 살림집인데 그것이 없다. 사당 영역을 구획하기 위해 사당 밖으로 담장을 둘렀을 뿐이다. 이러한 담장의 부재로 인해 외부 공간의 분화가 이루어지지 않았고, 이러한 점이 건축 체험상 허전한 느낌을 준다. 실제로 추사 고택과 같이 규모가 작고 구성이 비슷해 비교하기 쉬운 양동의 관가정이나 손동만 가옥의 경우 담장으로 외부 공간을 분화시키지는 않았지만 건축물의 몸체를 돌출시키거나 배치의 묘미를 살려서, 혹은 마당의 단 차이를 적극 이용하여 외부 공간을 분화시켰는데 김정희 선생 고택에서는 그런 점을 찾아보기 힘들다.

옆면 위/ 안채 앞에 있는 외부 공간. 야트막한 야산을 배경으로 했기 때문에 담 밖의 나무들로 인해 외부 공간이 안정감 있다.

옆면 아래/ 마당 위에서 본 추사 고택 전경. 아래쪽으로부터 문간채, 사랑채, 안채, 사당 순으로 배열되어 있다.

위/ 사랑채의 평면은 ㄱ자형으로 사랑방과 청지기방 사이에는 대청과 마루방이 자리하고 있다. 대청에 비해 마루방의 크기가 큰데 마루방에서 대청을 가로질러 사랑방을 바라본 모습이다. 방과 방 사이, 방과 대청 사이의 문은 벽의 구실을 하고 있는데 이처럼 다 열었을 경우에는 완전히 소통된다.

아래/ 안채의 기둥에 걸려 있는 주련(柱聯)들. 사랑채에서 안채에 이르는 주요 기둥들에 걸려 있는 것으로 장식 효과뿐만 아니라 주련의 명구(名句)들을 자주 접함으로써 마음을 추스리는 효과도 보고 있다. 주련은 창덕궁 연경당과 낙선재에서도 볼 수 있다.

위/ 건물 배치를 교묘하게 한 탓에 마당 위에서 보면 지붕들이 겹쳐지면서 운율을 가지고 반복되며 나타난다.

가운데/ 안채의 남쪽면 부엌, 벽면에 광창을 설치해 문을 열지 않고도 빛을 충분히 수용할 수 있도록 했다. 또한 창과 창살이 실내 장식의 주요 소재로 쓰였음을 알 수 있다.

아래/ 안채의 안마당. 하늘만 ㅁ자로 열려 있을 뿐 사방이 다 막혀 있다. 안채가 가지는 공통적인 특성으로 여성들의 거주 공간을 폐쇄적으로 구성한 탓이다. 하지만 ㅁ자형 평면은 축선을 이용한 문의 개폐가 효과적으로 수행될 경우에 무한한 변화가 있는 공간이다.

위/ 사랑채 뒤의 굴뚝. 사대부 살림집에서는 보기 드물게 돌로 쌓은 것으로
선교장의 굴뚝과 많이 닮아 있다. 그러나 높이가 낮고 홀로 떨어져 있으며,
돌의 크기가 훨씬 커 강한 인상을 주고 있다.

가운데/ 사랑 영역과 안채 영역의 경계가 되는 화강석. 추사 고택은 여타의
사대부 살림집처럼 담장으로 영역을 나누지 않고 문간채, 사랑채, 안채, 사
당 영역 사이에 화강석을 한 단씩 쌓음으로써 영역을 구분하고 있다. 야산
을 배경으로 하고 있는 탓에 부지가 위에서 아래로 경사지게 흐르고 필요
에 따라 사이사이에 화강석을 한 단씩 쌓아 부지의 고저 차이를 만듦으로
써 영역을 세분화시키고 있다.

아래 왼쪽/ 안채의 안방 윗목에서 아랫목을 바라본 모습. 사랑방과 동일하
게 벽면을 다락으로 통하는 문과 벽장으로 구성했으나 사랑방에 비해 단순
하게 구성되어 있다. 안채의 다락 밑은 부엌으로 활용된다.

아래 오른쪽/ 검은색에 가까운 마루와 황토색의 벽, 하얀 창호지문의 조화.
시간이 정지되어 있는 듯 조용하다. 안방과 마룻방 사이의 여닫이문, 안방
과 대청 사이의 여닫이문, 마룻방과 대청 사이의 여닫이문, 안마당을 향한
대청과 안방의 여닫이문을 열고 바라본 모습으로 열린 문 사이로 공간이
흐르고 있다. 문이 있어야 비로소 공간은 열린다.

윤증 고택 尹拯 故宅

행랑채도 담장도 없는 향촌 사대부집

| 소재 : 충청남도 논산시 노성면 교촌리 | 중요민속자료 제22호 |

사대부집이면서도 행랑채가 없는 살림집들을 종종 본다. 당초 집을 지을 때부터 없는 경우와 후대에 소실되어 없어진 경우라 하겠다. 조선 숙종 때의 학자 윤증 선생 고택은 전자의 경우이다. 평생 벼슬을 하지 않아 백의정승(白衣政丞)이라 일컬어졌던 소론(小論)의 영수(領袖) 윤증 선생이 터를 잡고 지은 집으로 벼슬을 하지 않은 선비의 집이었던 만큼 행랑채를 필요로 하지 않았다. 하회의 충효당만 해도 창건 당시에는 행랑채가 없었다고 하니 행랑채가 없다고 해서 이상한 일은 아니겠다. 또한 사랑채가 담장 밖으로 돌출해 별도의 담장을 두르지 않았는데 이 또한 집 주인이 공부하는 선비였던 만큼 재물에 자유로워 외부에 거리낄 것이 없었던 것이 그 원인이었던 것 같다.

윤증 고택의 볼 거리는 역시 전면에 돌출한 사랑채에 있다. 대문간과 연결된 측면의 입면이 견실하고 누마루는 마루나 온돌방에 비해 한 단 높게 구성되어 있다. 사랑채의 입면은 높은 기단으로 인해 측면에서 보았을 때보다 정면에서 보았을 때 더 위엄이 있어 보이는데 보고 있노라면 주인을 닮아 대학자다운 풍모가 느껴진다.

행랑채가 없어 동선을 일차적으로 거르지 못하고 바로 안채로 진입하기 때문에 안채로 통하는 평대문에는 내외벽을 설치해 방문객의 시선이 안채의 중심과 직접 맞닥뜨리지 않도록 했다. 또 하나 특이한 점은 대부분의 사대부 살림집이 사당을 담장 안에 두는 것과는 달리 담장 밖에 사당을 설치했다는 것이다. 물론 사랑채에서 시각적으로 연결은 되나 담장 밖 설치는 의외의 구성이라 할 수 있다.

윤증 고택의 사랑채와 대문간. 특이하게 행랑채가 없고 사랑채와 안채로
통하는 대문간이 한몸으로 되어 있다. 사랑채 측면과 대문간의 입면이 견
실해 앞마당에 섰을 때 느낌이 가장 좋다. 사랑채는 입면이 견실해 대학자
인 윤증 선생의 인품이 느껴진다. 건축은 건축가가 만들지만 결국에는 건
축주를 닮는다. 설계 과정에서 건축주의 의사가 반영되고 건축주 스스로도
자신이 원하는 품격을 반영할 건축가를 찾아 '집'을 의뢰하기 때문이다. 이
런 이유로 건축물은 건축주를 닮을 수밖에 없다.

옆면 위 왼쪽/ 사랑채 측면에서 본 모습. 아래로부터 사랑채, 안채, 사당의 순으로 배열되어 있다.

옆면 위 오른쪽/ 바깥마당에서 본 사랑채 일부. 사랑채의 기단이 매우 높고, 누마루 역시 높게 처리했다.

옆면 아래 왼쪽/ 안채로 통하는 평대문. 평대문이 주는 단조로움을 피하기 위해 대문 양측 벽을 돌과 폐기와로 장식했다. 품격과 재미가 동시에 느껴진다. 중문을 들어서면 내외벽이 있어 안채로 향하는 시선을 한 번 걸러 주도록 되어 있다.

옆면 아래 오른쪽/ 사랑채 뒤에서 안채로 통하는 통로.

위/ 안채 뒤의 장독대. 석축을 한 단 쌓아 물을 피하고 양지바르게 조성했다. 장독대 뒤에는 대나무 숲이 있다. 장독대는 집안 식구 모두의 건강과 직결되는 곳인 만큼 볕이 잘 들고 바람이 잘 통하는 데 자리를 잡았다.

아래/ 안채에서 사당에 이르는 통로. 담 끝에 낮은 석축을 네 단 쌓고 꽃과 나무를 심었다. 창덕궁 대조전이나 낙선재에서 볼 수 있는 일종의 화계이나 궁궐이 아닌 사대부 살림집인 만큼 소박하게 조성되었으며, 사당으로 가는 길에만 볼 수 있다.

김동수 가옥 金東洙 家屋

지극히 서민적인 기와집

| 소재 : 전라북도 정읍시 산외면 오공리 814 | 중요민속자료 제26호 |

평지이기 때문에 부지가 넓다. 부지가 넓어서 건축물들을 집약시키지 않고 분산시켜 배치했다. 건축물을 분산시킴으로써 생긴 외부 공간은 널찍널찍해 한층 여유로운 모습이다.

대문을 들어서면 대문간이 나타난다. 사랑채나 행랑채가 나타나는 일반의 사대부집과는 다르게 독립된 대문간을 가지고 있다. 대문간에서 오른쪽으로 난 중문을 들어서면 사랑 영역이 나타나고, 대문간 벽을 따라 식재된 조경수(造景樹)를 따라가면 안채에 이르는 중문이 나온다.

김동수 가옥은 규모만 클 뿐 지극히 서민적인 기와집이라 할 수 있다. 이는 사랑채를 보면 바로 알 수 있다. 이 집은 사대부집에서 흔히 볼 수 있는 높다란 기단이 없고 단지 마당과의 구분을 위해 키 낮은 댓돌만 한 단 깔았을 뿐이다. 기단은 시원한 조망을 얻기 위해 설치하기도 하지만 안채나 행랑채에 비해 건축적으로 높은 위계를 갖기 위한 조처이기도 하다. 또한 사대부집 사랑채에서 흔히 볼 수 있는 누마루가 없고 마루의 높이도 낮다. 어린아이도 쉽게 걸터앉을 수 있는 높이다. 그만큼 건축물이 땅에 밀착되어 있어 위압적이지 않고 친근감이 있다. 여러 면에서 대학자인 윤증 선생 고택이나 정병호 가옥의 사랑채와 비교가 된다.

위/ 김동수 가옥은 대문간의 영역이 별도로 형성되어 있다. 대문간에서 바깥마당의 일부를 거쳐 반원형으로 돌아야 안채로 통하는 중문에 다다를 수 있다.

아래/ 대문 앞에 단풍나무를 심어 나가고 들어갈 때마다 감상할 수 있도록 했다. 조경은 단순히 남은 빈터에 아무 나무나 대충 심는 게 아니라 적당한 위치에 바른 수종(樹種)을 택해야 의미가 있고 건축의 완성도도 높아진다. 솟을대문은 가마와 마차를 통과시키기 위해 지붕을 올렸다는 게 통설이다. 또한 사대부집으로서 위엄을 갖추기 위한 것이기도 하다. 그러나 담장 자체로 보았을 때는 건물 안으로 들어서기 위한 입구임을 확연히 드러내는 담장이 사람에게 보내는 신호이다.

위 왼쪽/ 사랑채 앞에 있는 광의 입면 일부. 하인
방과 중인방 모습에 주의를 기울일 필요가 있다.
원래 생긴 모습 그대로이기 때문에 자연스럽고,
반복해 보아도 질리지 않는다.

위 오른쪽/ 사랑채에 부속된 행랑채의 입면 일
부. 온돌방 두 개가 연달아 있어 밖으로 향한 문
을 냈는데 나무의 결구를 다르게 해 입면을 다르
게 꾸몄다. 변화에 대한 욕구를 읽을 수 있다.

아래/ 대문 앞에서와 똑같이 안채로 통하는 중
문 앞에도 단풍나무를 심었다.

위/ 안채에 부속된 행랑채의 입면 일부. 위아래의 중깃을 일부러 똑같이 쓰지 않음으로써 인공의 흔적을 지우려 했다. 시각적인 안정감보다 불규칙한 배치를 통해 자연스럽게 보이도록 했다.

아래/ 안채에 부속된 행랑채의 바깥쪽 입면. 벽체의 중깃 간격을 일부러 다르고 불규칙하게 처리해 획일성을 피했다. 사랑채에 부속된 행랑채의 바깥쪽 입면도 유사하게 처리했다. 한국인의 열린 사고의 일면을 읽을 수 있다. 또한 일정 간격으로 균등하게 배치함으로써 오는 인공의 흔적을 지우려는 속뜻도 담겨 있다.

정병호 가옥 鄭炳鎬 家屋

마당이 많아 아름다운 집

| 소재 : 경상남도 함양군 지곡면 개평리 262-1 | 중요민속자료 제186호 |

정병호 가옥은 사대부 살림집 가운데 영역이 가장 세분화된 곳이다. 담장과 건축물로 영역이 나누어진 곳이 6곳이고, 사랑채 누마루 앞의 석가산에 의해 별채의 영역이 나누어진 것까지 합하면 모두 7곳으로 영역이 세분화되어 있다. 이처럼 영역이 복잡하리 만치 세분화되어 있어서 동선에 변화감이 있고 아름답다.

대문을 거쳐 사랑채와 곳간 사이의 일각문을 지나 안대문을 거쳐 안채에 이르는 동선과, 별채에서 곳간 앞을 지나 안채에 이르는 동선은 다양하고 변화감이 있다. 특히 후자의 경우는 담장 사이의 트임문, 사랑채의 측면과 배면, 안채의 측면과 배면이 서로 조합되어 공간의 흐름을 만들고 있는데 그 연결이 절묘하다. 별채에서 안채로 가기 위해서는 사랑채의 측면과 트임문이 만드는 공간을 한 번 지나고, 또다시 사랑채의 배면과 안채의 측면이 만드는 공간을 지나 오른쪽으로 꺾도록 되어 있다. 이는 안채로 직접 연결되는 시선을 완화시키기 위한 노력이기도 하지만 영역을 세분화시켜 외부 공간의 흐름을 만들고, 그에 맞게 담장과 조경을 곳곳에 함으로써 얻어진 결과이다.

사랑채 전경. 평면이 ㄱ자 형태로 여타의 사대부
집 사랑채에 비해 크고 독립되어 있다. 집의 전면
을 틀어 막아 배면으로 안채의 안마당을 구성함
과 동시에 안채로 향하는 시선을 차단하고 있다.

위/ 사랑채의 누마루 앞에 석가산을 만들고 소나무를 심어 누마루에 앉아 감상할 수 있도록 했다. 석가산 구조는 사대부 살림집에서는 매우 보기 드문 예로 별채로 향하는 외부인의 시선을 차단하기도 한다.

아래/ 누마루에 난 판문을 열고 석가산의 소나무를 바라본 모습. 집안으로 자연을 끌어들이기 위해 위치에 맞춰 심어 놓은 것이다.

옆면/ 사랑채의 누마루. 누마루가 다른 사대부집보다 높다. 또한 누마루 밑을 막아 창고로 쓴 점도 특이하다. 누마루는 대청과 함께 대표적인 여름 공간으로 사방으로 트여 조망과 바람을 얻고, 마루바닥으로도 바람이 통하도록 되어 있다.

위/ 대청 툇마루에서 누마루 쪽을 바라본 모습. 툇마루는 이처럼 방 앞쪽으로의 동선을 연결하기도 하지만 마당에서 쉽게 걸터앉거나 방으로 들어서기 위한 매개 공간으로 쓰이기도 한다.

아래 왼쪽/ 대청에서 바라본 대문. 함양 정병호 가옥뿐만 아니라 대다수의 사대부 살림집들이 대청과 대문이 마주볼 수 있도록 배치하고 있다. 마주보는 각도가 비스듬하면 할수록 시선이 자연스러워 좋다.

아래 가운데/ 사랑채 온돌방에서 바라본 마당과 누마루 일부. 마당의 소나무가 보인다. 문이 창의 역할도 해 마당의 경치를 방안까지 끌어들이고 있다. 문틀이 하나의 틀이 되어 액자 효과를 낸다.

아래 오른쪽/ 사랑채 온돌방에서 바라본 문살. 바닥엔 노란 장판지, 벽과 천장엔 하얀 벽지를 바를 뿐 특이할 만한 실내장식이 없다. 이런 이유로 역광으로 비친 창살과 문살이 장식으로 쓰인다. 문살과 창살이 다양하고 복잡해지는 이유가 여기에 있다.

옆면/ 사랑대청 안에서 본 사분합문. 상인방 위가 트여 있어 외기의 소통이 자유롭다. 외기의 차단이 아닌 시선을 차단하기 위해 설치한 문임을 알 수 있다. 대청이 여름 공간으로 쓰이기 때문에 가능한 일이다. 띠살문은 살의 구성이 비교적 간결하다. 그러나 복잡하지 않은 그 간결함으로 인해 4짝, 8짝, 12짝이 모여 있을 때 그 구성이 아름답다.

옆면 위 왼쪽/ 사랑채의 온돌방에서 문을 열고 바라본 안채의 아래채 모습. 사랑채의 온돌방과 마루의 문을 열면 안채의 안마당과 사랑채의 바깥마당이 서로 통하도록 되어 있다. 공간과 시선, 바람이 모두 통한다.

옆면 위 오른쪽/ 사랑채에서 안채로 통하는 중문. 고방과 사랑채 사이를 담장으로 막고 사이에 문을 냈다.

옆면 아래 왼쪽/ 안채로 통하는 중문. 바닥엔 박석(薄石)을 경사에 따라 자연스럽게 배열했다. 왼쪽의 키 작은 나무는 안채로 들어가고 나갈 때 감상할 수 있도록 관상용으로 심어 놓은 것이다.

옆면 아래 오른쪽/ 별채에서 안채로 통하는 길. 사랑채와 안채의 일부, 야트막한 담으로 구성된 외부 공간이 안정감 있어 보인다.

위/ 안마당은 사랑채, 행랑채, 안채의 몸체로 이루어지는데 별채에서 안채로 가기 위해서는 동선을 한 번 꺾어야 가능하다. 그 진입 모서리에 꽃나무를 심어 감상할 수 있도록 했다.

가운데/ 4월 말에 본 안채의 아래채와 안마당. 집주인이 마당을 화려한 꽃나무로 아름답게 꾸며 여타의 텅 빈 사대부집 안마당과는 다른 정취를 느낄 수 있다.

아래/ 안마당의 일부. 사랑채와 행랑채의 배면이 만나는 곳에 꽃나무를 정성스럽게 심었다. 볕이 잘 들지 않는 곳으로 마당 안쪽에 비해 소박한 꽃나무를 심었다.

옆면 위/ 안채와 아래채의 전면, 사랑채와 행랑
채의 배면으로 안마당을 형성했다. 전형적인 사
대부집의 ㅁ자형 평면은 아니지만 튼 ㅁ자 구성
을 하고 있어 안마당이 안정감 있어 보인다. 사
랑채의 지붕 위로 사랑 앞마당의 키 큰 소나무가
보인다.

옆면 아래/ 안채의 아래채와 고방 틈새로 본 안
마당 전경. 안채는 전체적으로 튼 ㅁ자 구성을
하고 있기 때문에 건물 틈새로 공간과 시선이 흐
르도록 되어 있다.

아래/ 안채의 아래채 온돌방에서 문을 열고 본
안채와 사랑채의 모습. 문은 사람의 통행을 위해
서뿐만 아니라 안마당의 경치를 방안으로 끌어
들이는 역할도 한다.

소쇄원 瀟灑園

있는 그대로의 자연

| 소재 : 전라남도 담양군 남면 지곡리 123 | 사적 제304호 |

우리나라의 살림집은 야트막한 야산을 배경으로 집을 짓기 때문에 조경의 필요성을 크게 느끼지 않았다. 집 주위에 지천으로 깔린 것이 나무였기 때문이다. 설혹 평지에 짓는다 해도 눈이 가 닿는 곳에 산이 있어 녹지의 필요성을 크게 느끼지 않았다. 조경을 한다고 해도 집안에 관상용으로 키 작은 꽃나무를 심거나 시각적으로 허전한 곳에 나무 한 그루 심는 정도였다. 이런 이유로 과다하게 만들거나 꾸미는 조경이 없는 대신에 약간의 인공─담장, 석축, 정자, 광석(廣石) 정도의─만을 가미해 자연을 있는 그대로 즐겼다. 소쇄원이 주목받는 이유는 우리나라 고건축 가운데 보기 드물게 살림집의 후원으로 광범위하게 조원(造園)을 했다는 점이나 실제로 가서 보면 눈에 띄는 건 없다. 우리들이 늘 보던 자연 그대로의 평범이 있을 뿐이다.

소쇄원의 원역(園域)은 계곡을 사이에 두고 한 칸짜리 정자인 대봉대 영역과 광풍각·제월당 영역으로 나뉜다. 나누어진 원역을 계곡 상하로 나누어 배치한 두 개의 나무다리로 잇고, 이 두 개의 나무다리를 따라 원역을 자연스럽게 일주할 수 있도록 꾸몄다. 대봉대(待鳳臺)는 소쇄원의 진입로에 위치해 손님을 맞이하는 장소로 쓰였다. 건너편의 광풍각은 찾아온 손님의 거처로 쓰였고, 제월당은 주인의 사랑방과 서재 역할을 했다.

위/ 외양단 밖에서 바라본 소쇄원의 전경.

아래/ 오곡문 밖에서 바라본 계곡과 담장. 원래
는 문이 있었는데 현재는 없다. 기능을 생각하면
문이 있어야 하지만 문이 없는 게 더 운치 있다.
공간과 시선이 차단되지 않고 자연스럽게 흐르
는 느낌 때문에 더 활달하고 자연스럽게 보인다.
오곡문 옆 담장은 밑을 터 놓아 계곡물이 자연스
럽게 흐르도록 했다. 담장으로 공간은 막았으나
물은 계속 흐르도록 했으니 놀라운 발상이다.

아래/ 애양단 마당에서 본 오곡문과 담.

옆면 위 왼쪽/ 소쇄원은 계곡으로 나뉜 두 영역을 자연스럽게 일주할 수 있
도록 상하로 나누어 두 개의 나무다리를 설치했다. 계곡 밑에는 두 사람이
동시에 건널 수 있는 나무다리를, 계곡 위에는 한 사람만 건널 수 있는 외나
무다리를 설치했다. 외나무다리는 단순히 기술이나 재력이 부족해서 설치
하는 것이 아니다. 다리 설치를 위해 자연을 훼손하는 최소한의 행위이며
인공의 흔적을 남기지 않으려는 가장 적극적인 행위이다.

옆면 위 오른쪽/ 계곡물 옆에 돌의자를 놓아 앉아서 쉴 수 있도록 배려했다.

옆면 아래 왼쪽/ 대봉대 옆의 소당(小塘)으로 물을 끌어들이기 위해 설치한
나무 홈대. 인공적인 장치지만 자연에서 나온 산물로 만든 것이기 때문에
눈에 거슬리지 않고 자연스럽다.

옆면 아래 오른쪽/ 계곡 밑에서 올려다본 광풍각. 한옥은 지붕이 아름답다.
특히 밑에서 위로 올려다볼 때 수려한 지붕선과 드러난 서까래로 인해 더
욱 그렇다.

위, 아래/ 정면 3칸, 측면 1칸인 광풍각은 중앙 1
칸만 온돌방이고 나머지는 마루이다. 온돌방도
한 면만 벽일 뿐 나머지는 삼분합문을 설치해 들
쇠로 들어올리면 완벽에 가까운 공간 환원을 이
룬다. 이러한 구성 덕분에 자연을 향해 시원스럽
게 열린 눈을 갖게 된다. 우리 옛 건축에서 분합
문이 가지는 역할을 극명하게 보여 주고 있다.

위/ 광풍각 옆을 지나 제월당으로 오르는 동선.
자연 안에 자연의 산물로 집과 담장을 만들고 계
단을 만드니 자연스럽지 않을 수 없다. 유려한
지붕이 있어 더욱 그렇다. 고건축과 현대 건축의
가장 큰 차이는 재료에 있다. 철저한 자연의 재
료(나무, 돌, 흙, 기와, 종이) 대 철저한 인공의 재
료(콘크리트, 철골, 유리). 현대 건축의 재료는
인공화 과정을 더욱 더 철저하게 거치기 때문에
자연을 잃고 차가운 표정을 갖게 된다.

아래/ 광풍각 뒤에 서 있는 나무. 기존에 있던 나
무 한 그루를 위해 틈을 내 담을 쌓았다.

제월당 대청의 판문을 통해 본 굴뚝. 옆에 매화나무를 심어 운치를 더했다.
방안이나 대청에서 바라볼 수 있도록 위치에 맞추어 관상용으로 심어 놓은
것이다.

낙안읍성 樂安邑城

고샅길을 따라 낮은 초가집들이

| 소재 : 전라남도 순천시 낙안면 남대리 299-1 | 사적 제302호 |

낙안읍성은 고창읍성, 해미읍성과 더불어 읍성의 원형을 잘 보존하고 있는 곳이다. 특히 낙안읍성은 고창이나 해미읍성이 민가가 모두 소실된 채로 읍성 자체만 보존하고 있는 데 비해 풍부한 양과 질의 민가를 보유하고 있어 그 가치가 크다. 임경업 장군이 군수로 있을 때 기본틀을 갖추었다고 전해지는 이곳은 성곽을 두르고, 동서남 세 방향으로 문을 내었으며, 객사 앞에 성문과 연계해서 T자형의 도로를 낸 전형적인 읍성이다.

낙안읍성은 객사와 함께 관아도 잘 보존되어 있는데 관심을 끄는 건 역시 초가집과 그 사이에 난 골목길이다. 이젠 다 없어져 사진에서나 종종 볼 수 있는 초가집과 골목길을 실물로 직접 볼 수 있는 것이다. 초가집은 총 9채가 중요민속자료로 지정되어 있다.

초가집의 가장 큰 속성은 겸손이다. 계급이 생긴 이래로 지배층으로부터 핍박당하고 시달린 서민들의 집인 탓에 자신을 드러내지 않는다. 살림집으로서 기와집이 떳떳하게 자신을 드러내는 집이라면 초가집은 굳이 숨기지는 않지만 내놓고 자신을 드러내지는 않는다. 땅에 딱 붙어 야트막하며, 인공으로 만든 기와가 아닌 짚을 머리에 얹고 있기 때문에 산이나 숲을 배경으로 하고 있거나, 집 주위에 나무라도 몇 그루 심으면 인공 구조물이 아닌 자연의 일부처럼 느껴진다. 지붕선은 완만하여 둥그스름해 정겹고, 배경이 되는 뒷산의 형태나 기울기를 많이 닮아 있다. 형태나 재료, 어느 모로 보나 투박한 우리 서민을 닮았다. 거기엔 다듬거나 꾸며 인위적으로 만든 것이라고는 하나도 없다.

위, 아래/ 낙안읍성의 성곽. 화성이나 남한산성
과는 다르게 성곽의 일부를 계단으로 활용하고
있다. 수원 화성의 경우에는 성토한 경사지에 의
해서, 남한산성의 경우는 산의 경사에 의해서 성
곽과 성벽 안이 자연스럽게 연계되는 것에 비해
낙안읍성은 성곽과 성벽 안이 크게 단차를 이루
고 있다.

왼쪽/ 성곽 위의 통행로. 특별한 방어 시설없이
성곽을 일주하도록 만들었다. 성곽 위와 아래의
단 차이가 확연하다.

아래/ 성곽의 돌 쌓은 모습. 아래에서 위로 돌 크
기대로 쌓았는데 아래쪽은 돌 크기가 장대하다.
성곽을 보는 묘미는 이처럼 크기와 생김새가 다
른 돌들의 쌓여진 모양을 보는 것으로 돌의 생김
새가 화성이나 남한산성에 비해 크게 가다듬지
않아 자유롭다.

앞면 펼침/ 읍성 밖에 있는 초가집. 배경이 되는 산과 초가집 지붕의 모양이 닮아 있다. 집을 지을 때 배경이 될 산을 정하고 그에 맞춰 건물을 배치하고, 산의 모양을 본떠 지붕을 만든 탓이다. 철저한 의도에 의한 것으로 우리 옛 건축의 자연 닮기의 한 예이다.

위/ 읍성 안에 있는 초가집. 배경이 되는 산과 지붕이 닮았다.

아래/ 배경이 되는 산의 일부를 잘라내고 초가지붕이 드러난 모습. 배경이 되는 산과 지붕의 모양이 닮아 있어 전혀 어색하지 않다. 벽이 안 보이고 지붕만 드러난 경우 영락없는 자연의 일부가 된다. 초가지붕의 선은 산업화 과정에서 잃어버린 가장 아쉬운 것이다.

위, 아래/ 초가지붕이 배경과 분리되어 그 모습
이 확연히 드러나도 전혀 어색하지가 않다. 직선
이 아닌 둥그스름한 곡선을 지붕선으로 썼기 때
문이다. 그 선은 우리 조상이 그들의 삶의 터전
에서 노상 보아왔던 자연의 선을 그대로 옮긴 것
이다.

위/ 읍성 내에 있는 마을 우물. 배수로 구성이 이
채롭다. 중간의 원형 구조물은 빨래터로 활용되
었다.

아래/ 읍성 밖에 있는 초가집. 성벽에 의지해 앞
산을 바라보고 있는 형국이다. 야트막한 데다가
지붕이 버섯을 닮은 탓에 사람이 만든 인공 조형
물로 보이지 않는다. 자연 안에 놓여진 또 하나
의 자연이다.

위, 아래 왼쪽 · 오른쪽/ 읍성 내에 있는 골목길. 야트막한 돌담으로 만들어진 골목길은 직선이 아닌 자유로운 형태의 곡선이다. 돌담 위엔 호박넝쿨이 널려 있고 주위의 수목으로 인해 담장이 인공 구조물이라는 느낌은 거의 없다. 읍성이 산으로 둘러싸여 있어 골목 중간이나 끝에서 시원스럽게 펼쳐진 산을 만나기도 한다. 이런 골목길을 닮은 것이 달동네의 골목길인데 그나마 재개발이란 명목으로 거의 사라지고 말았다. 가진 것 없는 이들이 도심(都心)에서 쫓겨나 모여 사는 달동네는 건축하는 이들에게는 보물과 같은 존재이다.

담장 밖에서 본 관아의 내아(內衙). 지붕선이 배
경이 되는 산을 닮은 탓에 지붕선으로 산의 일부
를 잘라내도 전혀 어색하지 않다.

위/ 뒷마당에서 본 동헌의 굴뚝. 흥미로운 형태의
굴뚝은 한 쌍으로 구성되어 있다. 단순히 연기를
내보내는 연도(煙道)에 그치는 것이 아니라 조형
으로 활용되고 있는 예이다.

가운데/ 내아의 외부 공간. 주변에 수목이 없어 허
전한 느낌이 들지만 시선은 뒷산까지 연결된다.

아래/ 관아 뒤에서 동헌과 내아 사이로 앞산을 바
라본 모습. 주변에 산이 병풍처럼 둘러진 곳에 자
리잡았기 때문에 눈이 가 닿는 곳 어디에나 산이
있다. 산이 많아 늘 산을 끼고 살기 때문에 산은
한국인의 자연관, 더 나아가 미의식에까지 영향
을 미치고 있다. 한국인이 만든 조형의 근원은 그
의 주변에 널려 있는 산이다.